KB048564

타락한 권력과 무책임한 과학이 만났을 때

과학자는 전쟁에서 무엇을 했나

타락한 권력과
무책임한 과학이
만났을 때

과학자는 전쟁에서 무엇을 했나

科学者は戦争で何をしたか

마스카와 도시히데益川敏英 지음 | 김범수 옮김

동아시아

추천의 글

과학자이기 전에 먼저 시민이 되자!

마스카와 도시히데는 뛰어난 물리학자입니다. 2008년에 노벨 물리학상을 받았으니 그렇다 할밖에요. 하지만 영어는 잘하지 못해서, 일본어로 노벨상 수상 기념 강연을 하였다 합니다. 그 소식은 당시 한국에서 크게 화제가 되었습니다. 더는 한국어로 학문하지 않다시피 하는 우리 현실과 대비되었기에 더욱 그러했겠지요. 한국인들만 있는 강의실에서 교수와 학생들이 영어로 힘들게 소통하는 장면은 좀 애처로운 모습이기도 합니다.

연설을 일본어로 했다는 사실보다 더 특별했던 건 그 내용이었습니다. 어린 시절 자신이 직접 겪은 전쟁에 관한 이야기가 담겨 있었지요. 과학이 전쟁이 아니라 평화를 위해 쓰여야 한다는 신념을 드러낸 강연이었습니다. 마스카와 도시히데는 걸출한 연구자일 뿐만 아니라 훌륭한 학자입니다. 좋은 시민이기 때문입니다.

5살짜리 아이였던 마스카와의 집에 떨어진 소이탄은 다행스럽게도 불발탄이었습니다. 눈앞에서 터질 뻔한 소이탄과 불타는 나고야 거리에 관한 생생한 기억은 그의 뇌리에 깊이 새겨져 있습니다. 마스카와는 평화를 꿈꾸는 물리학자로 성장했습니다. 그 과정에서 그는 스승인 사카타 쇼이치(1911~1970) 교수에게서 큰 영향을 받았다 합니다.

사카타는 과학의 진보가 전쟁을 더욱더 비참하게 만든 원인이기도 하였음을 성찰하며, 연구 조직의 봉건성을 없애고 연구실을 민주적으로 재건해야 한다고 생각했습니다. 그게 연구자의 사회적 책임이라 여겼던 거지요. 그리고 1946년 나고야대학 물리학교실 헌장의 서두에 '물리학교실의 운영은 민주주의의 원칙에 기초한다'라 선언하기에 이르렀습니다. 사카타 교수의 소립자 이론에 이끌려 나고야대학에 들어간 마스카와는 자유롭게 토론하는 연구실의 평등한 분위기에 깊은 인상을 받게 됩니다. 눈이 휘둥그레졌다는 표현까지 쓸 정도로 말입니다.

사카타는 물리 연구와 평화운동의 가치가 같다며, 이 둘을 함께 할 수 있어야 한다고 했습니다. 그 정신은 사카타를 존경했던 마스카와에게도 이어졌습니다. 뛰어난 물리학 연구자이자 헌신적인 평화운동가의 삶을 살았다는 점에서 스승과 제자는 다르지 않았던 거지요. 25살 즈음엔 물리학회가 '베트남에서의 독가스 사용 반대'라는 결의를 하도록 하였으며, 교토대학의 젊은 교수 시절엔 이학부 직원조합의 서기장을 맡아 연구조원들의 해고를 막기 위해 노력하기도 하였습니다.

마스카와는 아베 정권의 특정비밀보호법도 비판했습니다. 무엇을 비밀로 하는지 알 수 없기에 '비밀 보장'은 본질적으로 문제이며, 평화를 위해 쓰여야 할 과학 연구의 공개원칙과도 모순된다고 지적하였습니다. 개헌을 통하지 않고도 전쟁을 할 수 있도록 안보법제를 바꿔 집단적 자위권을 인정받으려는 정부의 시도에도 적극 반대하였습니다. (안타깝게도 아베 정권은 뜻을 이루어, 이제 일본은 동맹군이 공격받으면 함께 전쟁할 수 있는 나라가 되었습니다.)

새로운 안보법제로 말미암아 일본은 헌법을 바꾸지 않고도 전쟁에 개입할 수 있게 되었지만, 헌법 9조는 여전히 일본의 교전권을 인정하지 않고 있습니다. 아직도 일본은 전쟁 포기 선언을 헌법에 담은 유일한 국가입니다. 그래서 헌법 9조는 마스카와 같은 일본의 평화주의자들에게 최후의 보루이지요. 일본의 과학자들이 헌법 9조를 지키는 '9조 과학자 모임'을 조직할 때, 마스카와가 발기인으로 참여한 건 당연한 일이었습니다. 마스카와는 헌법 9조에 노벨 평화상을 주고 그걸 아베 총리가 받도록 하자는 제안에도 동조하고 있습니다. 노벨 평화상이 아베 총리의 폭주를 멈출 수 있도록 말입니다.

마스카와의 고민은 일본의 문제에 머물지 않습니다. 과학이 세계 평화에 기여하도록 해야 한다는 게 그의 소신입니다. 하지만 상황은 녹록지 않습니다. 과학자들은 핵무기를 만들었고, 그 사용을 막지 못했습니다. 러셀·아인슈타인 선언에 이어 전쟁 반대를 내건 퍼그워시 회의를 열기도 하였지만, 제이슨 같은 비밀 조직의 엘리트 과학자들은 군사 연구에 적극적으로 참여하기도 하였습니다. 과학은 갈수록 거대화하고 블랙박스화하여, 과학자들 스스로도 전모를 제대로 보지 못한 채 소외되기에 이르렀습니다. 일반 시민이 과학에서 멀어져가고 있음은 물론이고요. 과학 정책엔 시장 원리가 지배하고, 성과주의가 호기심을 압도하고 있습니다. 게다가 웬만한 연구 결과는 모두 군사적으로 응용될 수 있어, 기술의 군사적인 사용만 금지하는 건 원천적으로 불가능해져 버렸습니다.

과학기술자들은 어떻게 해야 할까요? 마스카와는 스승인 사카타의 가르침에 기댑니다.

"과학자이기 전에 먼저 시민이 돼라!"

사카타는 사실 '인간이 돼라'라고 했습니다만, 인간은 시민을 뜻하는 표현이었으리라 여깁니다.

마스카와가 보기에 과학자들은 좀 위험한 사람들입니다. 폐쇄적인 공간에서 자신의 연구를 할 때 가장 행복해하는 생물이기 때문이랍니다. 그 결과가 가져올 잠재적 위험을 누구보다도 잘 알 수 있는 위치에 있으면서도, 막상 자신들은 연구에만 몰두한다는 것이지요. 그래서 사카타와 마스카와는 과학자가 과학을 통해 세상에 기여하려면 자신의 시민적 정체성을 잃어선 안 된다고 생각했습니다.

마스카와는 원전 건설 예정지에서 주민들과 만났고, 지금은 헌법 9조를 지키려는 시민들과 함께하고 있습니다. 자신이 시민임을 인식하고 있기에 가능한 일이었겠지요. 같은 방향을 바라보는 과학기술자들의 연대도 중요합니다. 혼자선 외롭지요. 힘도 달리고요. 마스카와가 발기인으로 참여한 '9조 과학자 모임'도 더 나은 세상과 더 나은 과학을 더불어 추구하는 과학기술자들의 조직이라 할 수 있습니다. 전쟁할 수 없는 나라에선 과학자의 연구가 군사적으로 응용될 가능성이 줄어들 테니 말입니다.

일본어로 노벨상 수상 기념 강연을 하며, 일본의 평화헌법을 지키려 애쓴 일본인이지만, 보편적 물리법칙을 추구하는 물리학자답게 마스카와는 전쟁과 평화라는 인류의 문제를 고민해왔습니다. 국제 공용어라 할 수 있는 영어로 사고해야만 세계 시민이 되는 건 아니지요. 평화나 지속 가능성을 위한 과학기술 같은 보편적인 문제에 천착하며 자신이 현재 서 있는 곳에서 당면한 과제를 해결하려 하고, 또 그 과정에서 시민적 정체성을 잃지 않고 시민사회와 연대하는 과학자, 이 책에 담긴 마스카와의 모습입니다.

변화를 꿈꾸는 과학기술인 네트워크(ESC) 대표 윤태웅

ESC는 더 나은 과학과 더 나은 세상을 함께 추구합니다

차 례

prologue

들어가며

제가 노벨상 수상
기념 강연에서 '전쟁'을
이야기한 이유는
우리 세대가 전쟁을 겪은
마지막 세대이며,
이를 이야기해야 할
책임이 있기 때문입니다.

노벨상 수상 기념 강연에서 '전쟁'을 이야기한 의미

노벨상 수상은 오랜 연구 성과의 보답을 받은 과학자에게도, 또 그 과학자가 태어난 나라로서도 무척 명예로운 일입니다. 2008년 10월 7일 노벨 물리학상은 난부 요이치로南部陽一郎(미국 시카고대학 명예교수), 고바야시 마코토小林誠(고에너지가속기연구기구 명예교수), 그리고 저 세 사람이 받았습니다.

그러나 그날 밤, 기자회견에서 수상 소감을 묻는 말에 생각지도 않게 저는 "그다지 기쁘지 않다"라고 말해버렸습니다. 이 말은 다음 날 크게 보도되었고 저에게는 상당히 속이 배배 꼬인 사람이라는 딱지가 붙어버린 듯합니다.

제가 "기쁘지 않다"라고 말한 이유가 있습니다. 그날 노벨 재단에서 교토산업대학京都散業大學 연구실에 전화가 걸려 왔습니다. 처음에는 영어로 말했고 바로 일본어 통역으로 바뀌어 "노벨 물리학상 수상자로 결정되었습니다. 발표는 10분 뒤입니다"라고 말하더군요. 그 잘난 척하는 태도에 화가 났던 겁니다. 노벨상이든 다른 무엇이든 '상賞'이란 업적을 평가하는 쪽도, 그것을 받는 쪽도 대등한 것이지요. 저는 지금까지 상을 받을 때 "받으시겠습니까?", "감사합니다. 매우 영광입니다"라는 식의 말을 주고받았고, 수상 거부도 있을 수 있으므로 수상 발표는 그 며칠 후였습니다.

그러나 노벨 재단 쪽은 그런 확인을 깡그리 무시했고 당연히 받는 것 아니냐는 태도였습니다. 수화기에 대고는 "감사합니다"라고 했지만 속에서는 반발심에 "뭐가 그렇게 대단해. 두 배로 복수해줄 테다"라고 큰소리치는 에도江戶 사람이라도 된 듯한 기분이었습니다. 기자회견에서 그 기분이 아직 남아 무심결에 속마음이 나와버렸던 겁니다.

기념 강연에 대한 비판

실은 노벨상 수상 당시 한 가지 더 화가 난 일이 있었습니다. 수상 기념 강연 원고를 쓴 후, 만일을 위해 내용에 불충분한 점이 없는지 지인 몇 명에게 조언을 부탁했습니다. 그런데 그 기념 강연 원고가 어떻게 된 건지 떠돌아다녀 여러 사람이 본 듯했습니다.

그러고 나서 어느 대학교수가 제가 쓴 기념 강연 원고를 간접적으로 비판한 소리를 들었습니다. 원고에는 제가 어릴 때 경험한 전쟁에 관한 이야기도 포함되어 있었습니다. 비판은 그 대목을 겨냥한 것이었습니다. 노벨상 수상 기념 강연이라는 학문적인 장소에서 전쟁에 관한 발언을 해서는 안 된다, 그런 것은 분별없는 짓이라는 겁니다.

하지만 그런 건 아무래도 괜찮습니다. 직접 저에게 충고해주었다면 저는 당당하게 논쟁을 벌였겠지요. 그렇지만 뒤에서 이러쿵저러쿵하는 것은 참으로 질이 나쁜 겁니다. 제가 나서서 논쟁을 걸거나 하지는 않았습니다. 그리고 어떤 권력자의 압력이 있더라도 원고 내용을 절대 바꾸지 않왔고, 기념 강연에서 예정대로 어린 시절 유일하게 기억하고 있는 전쟁 체험을 이야기했습니다. 전쟁 이야기를 하는 가장 어울리는 장소라고 생각했기 때문입니다.

왜 노벨상 수상 기념 강연에서 전쟁 이야기를 하면 안 되는 걸까요. 오히려 저는 적극적으로 해야 한다고 생각합니다. 이것은 지금부터 이 책에서 이야기하는 '전쟁과 과학'이라는 주제와도 깊이 관련 있습니다.

노벨 물리학상이나 화학상은 향후 인류의 발전에 현저하게 공헌할 것이라고 평가받은 과학기술, 그리고 그 개발에 기여한 과학자에게 주는 것입니다만, 한편으로 그 기술이 전쟁에 사용되는 대량살상무기 개발에 이용되어온 것도 사실입니다. 지금부터 이 책에서 자세히 이야기하려고 합니다만 노벨상을 받은 연구는 인류의 발전에도, 살인무기에도 사용 가능한 양날의 기술이라고 말해도 좋겠지요. 과학에 관련된 사람이라면 그것을 한시라도 잊지 말아야 합니다.

그러나 최근의 연구자는 그런 의식이 어쩐지 약한 것 같습니다. 연구의 전문화, 분업화가 진행돼 자신이 참여하는 연구의 전체 모습을 보기 어렵다는 점 때문일지도 모르겠습니다. 또 전쟁이 끝난 지 70년이라는 시간이 지났기 때문에 현장의 연구자 중 전쟁을 겪은 사람이 적어진 것도 이유일지 모릅니다.

제가 겪은 전쟁은 선명한 스틸 사진처럼 저의 머릿속에 남아 있습니다. 고작 5살 즈음의 일입니다. 만약 2살이나 3살 때였다면 너무 어려서 기억에 남지 않았겠지요. 그렇기 때문에 더욱 저같이 어린 시절의 한 조각 기억일지라도 전쟁을 이야기할 수 있는 마지막 세대로서 그 이야기를 계속하지 않으면 안 되는 것입니다. 그것이 저의 책임이라고 생각합니다.

집에 폭탄이 떨어진 날

태평양 전쟁 막바지가 되자 제가 살던 나고야名古屋의 거리는 자주 미군 폭격기의 공습을 받았습니다. 처음 얼마 동안은 시내 군수공장을 노려서 폭격을 했지만 하늘에서 핀으로 집듯 정확하게 폭격할 수 있는 것도 아니라서 공장 근처 민가도 공습을 받아 많은 사람들이 죽었습니다.

시내 히가시야마東山 동물원이 폭격을 맞아 우리가 파괴되자, 호랑이와 사자 등 맹수들이 시내로 도망쳐 나오면 큰일이라며 살처분하기도 했습니다. 자기 살을 도려내는 마음으로 사육사들이 공들여 키운 동물들을 독을 먹여 죽이는 슬픈 일도 있었습니다.

공습은 더욱 심해져 군수공장만이 아니라 민가에도 무차별로 폭탄이 떨어질 정도가 되었습니다. 우리 집 가까이에 쓰루마鶴舞라는 공원이 있었는데 거기에 육군의 고사포高射砲• 진지가 설치되어 있었기 때문에 진지 주변의 주택가도 집중 공습을 받았습니다.

1945년 3월 12일. 나고야 쇼와구昭和區에 있던 우리 집에도 폭탄이 떨어졌습니다. 제가 5살 때였습니다.

공습경보가 울려 퍼져 가족들이 바깥으로 피난하려던 순간이었습니다. 우리 집 2층 지붕 기와를 뚫고 떨어진 폭탄이 튀듯이 대굴대굴 소리를 내면서 흙마루로 굴렀습니다. 바로 제 눈앞에서. 속으로 깜짝 놀랐습니다만 아직 아이

• 항공기를 사격하는 데 쓰는 앙각仰角이 큰 포.

였기 때문에 생명의 위협을 느끼진 못했습니다. 그것이 얼마나 무서운 것인가를 안 것은 그 후로 한참 시간이 흐른 뒤였습니다. 물론 제 곁에 있던 부모님이 경악하며 공포에 떨었음은 상상하고도 남을 일입니다. 틀림없이 죽음을 각오했던 순간이었을 것입니다.

그 폭탄은 소이탄燒夷彈이었습니다. 소이탄은 소이제燒夷劑(발화성 약제)를 채운 폭탄으로 공격 대상을 불태울 때 사용하는 무기입니다. 목조건물인 일본 민가를 목표로 한다면 건물을 폭발로 날려버리는 폭탄보다 화재를 일으켜 불태워버리는 소이탄 쪽이 훨씬 더 효율적이라며 전쟁 중에 미군이 개발한 살상무기입니다.

처음에 소이탄은 많은 집들을 불태우기 위해 큰 폭탄에 약제도 많이 담았습니다. 하지만 성능이 나빠서 일본 집의 지붕 기와에 부딪치면 튀어 올라 굴러 떨어지는 결점이 있었습니다. 그래서 개량한 것이 두랄루민duralumin•으로 제조한 작은 크기의 소이탄이었습니다. 개량한 소이탄은 관통력이 강해서 지붕 기와를 뚫고 들어가 집 안에서 폭발해 불타는 위력이 있었습니다.

• 강하고 가벼운 알루미늄 합금류의 상품명.

제 눈앞에 떨어진 소이탄은 개량된 소이탄으로 그 자리에서 터져, 들어 있던 내부의 황린黃燐•이 벽과 천장에 흩뿌려져 큰 화재를 냈어야 했습니다. 그리고 그 옆에 있던 저도 흩뿌려진 약제를 뒤집어써서 틀림없이 불타 죽었을 겁니다. 만일 다행으로 살았다고 해도 큰 화상을 입었겠지요. 물론 함께 있던 부모님도 같은 운명이었을 겁니다.

그러나 놀라 꾹 감았던 눈을 떠보니 소이탄은 거기에 구른 채 그대로 있었습니다. 불발탄으로 터지지 않았던 것입니다.

구사일생으로 우리 가족은 바로 집을 뛰쳐나와 불바다가 된 나고야 거리를 정처 없이 도망 다녔습니다. 가재도구를 실은 리어카 위에 5살인 제가 오도카니 앉았고, 부모님은 불난 곳을 피해 그 리어카를 필사적으로 끌고 달렸습니다. 태평양 전쟁 막바지 즈음의, 벌써 70년도 더 이전의 이야기입니다. 하지만 대공습으로 인한 화재 때문에 오렌지색으로 물든 하늘은 지금도 기분 나쁜 기억으로 제 머리 속에 퇴색되지 않은 채 남아 있습니다.

• 무색이어서 백린白燐이라고도 하지만 이내 표면이 담황색으로 되므로 주로 황린이라 부른다. 공기 중에서 산화되어 발화하는 유독물질이다.

과학자이기 전에 인간으로서

그런데 노벨상 수상 기념 강연에서 전쟁 경험을 이야기 한 것은 저뿐만이 아니었습니다. 2008년에 저와 함께 노벨 화학상을 받은 해양생물학자 시모무라 오사무下村脩도 전쟁 중 소개疏開된 나가사키현長崎縣 이사하야시諫早市에서 맞닥뜨린 원자폭탄을 기념 강연에서 이야기했습니다. 전쟁 중 원자폭탄을 겪은 것은 제가 겪은 공습과는 비교도 되지 않는 것입니다. 시모무라 씨는 그때의 나가사키가 과학자로서 자신의 출발점이라고 말했습니다. 시모무라 씨는 저보다 한 세대 위입니다만, 이런 자리에서 전쟁을 말할 책임을 느끼는 한 사람입니다.

제 연구실 벽에는 언제나 제 은사인 이론물리학자 사카타 쇼이치坂田昌一 선생이 써주신 글이 걸려 있습니다.

'과학자는 과학자로서 학문을 사랑하기 이전에 인간으로서 인류를 사랑하지 않으면 안 된다.'

사카타 선생은 1970년에 돌아가셨습니다. 이 글은 돌아가시기 1년 전쯤에 써주신 것입니다. 그 이후 저는 이 글을 언제나 눈에 띄는 곳에 걸어두고 선생의 가르침을 가슴에 새겨왔습니다. 퍼그워시 회의에 적극적으로 참여했던 사카타 선생다운 말입니다. 퍼그워시 회의는 '러셀·아인슈타인 선언'을 발족한 회의입니다. 이 선언은 핵을 비롯한 대량살상무기 개발이 인류에게 가져올 위험성을 우려, 과학자들에게 자기반성을 촉구했습니다.

저도 연구자의 일원입니다만 덜렁대기도 하고 겁도 많아서 도저히 이렇게 굳은 마음으로 훌륭한 말을 할 수는 없습니다. 다만 사카타 선생을 은사로 존경하는 사람으로서, 과학자이기 전에 인간으로서 일반 시민의 시선만은 잃지 않겠다는 마음을 다지고 있습니다.

과학이 전쟁에 이용되지 않기 위해

집에 소이탄이 떨어진 날로부터 70년이 지났습니다. 일본은 경제적으로 윤택한 나라가 되었습니다만 최근 들어 매우 불온한 기운이 감돌고 있습니다. 현 자민당 정권(2015

년 7월)은 총리를 비롯해 안전보장법제 개정에 기를 쓰고, 점점 위험한 방향으로 나아가고 있는 듯합니다. "헌법을 바꾸지 않고도 전쟁을 할 수 있다"라고 호언을 하는 사람도 있습니다. 무서운 상황이 되어버렸습니다.

2014년 10월, 제가 어느 TV 프로그램에서 제2차 아베安倍 정권 아래서 운용 기준 등이 각의閣議 결정된 특정비밀보호법을 비판했습니다. 그랬더니 며칠 뒤 외무성 관리가 제 연구실로 찾아왔습니다. 그 관리는 "선생님이 걱정하실 만한 일은 결코 없을 것"이라고 저를 열심히 설득하는 겁니다. 그러나 그런 설득은 저에게는 통하지 않습니다. 정중하게 돌아가시라고 했습니다. '비밀보장'이라는 것은 '무엇을 비밀로 하는 것'인지 알 수 없는 것이 가장 큰 문제입니다. 그 정도는 아이들이라도 알 테지요.

이 특정비밀보호법은 공개가 원칙인 과학기술 개발에도 어두운 그림자를 드리우고 있습니다. 특정비밀보호법이라는 법률 아래 어떤 기술이 군사적으로 이용되는지, 일반인들은 말할 것도 없고 그 개발에 관련된 과학자조차 눈뜬장님이 될 위험이 있기 때문입니다.

일본의 군비軍備는 세계에서도 손꼽을 정도입니다. 일본의 방위防衛는 계속 늘어나 2015년에는 최고치를 기록했습니다. 최첨단 초계기哨戒機•, 오스프리Osprey•• 등 새 장비 구입도 정해진 것 같습니다. 이런 전쟁 무기를 사용하는 나라로 만들겠다는 야망만은 과학자로서 그리고 일반 시민으로서 절대 막지 않으면 안 됩니다.

5살 때의 기억이 다시 현실이 되지 않도록 이 책에서는 과학자가 대거 동원된 지난 전쟁을 되돌아보고 작은 힘이나마 애당초 평화를 위해 써야 할 과학이 군사적 목적으로 이용되지 않기 위해 어떻게 하면 좋은지 그 길을 찾아보려고 합니다.

• 공중을 비행하면서 경계 · 정찰 임무를 수행하고, 적을 발견하면 공격도 수행하는 군용항공기.

•• 미국에서 개발한 수직 이착륙 항공기. 매우 고가의 군사 장비이다.

Part 1

양날의 과학

'노벨상 기술'은

세계를 파멸시킬까?

다이너마이트를 개발한 알프레드 노벨

저는 책의 서두에서 노벨 재단의 수상 통지를 두고 잘난 척하는 듯 느꼈다고 썼습니다. 저 개인적으로는 노벨상이 지나친 권위를 갖는 것은 곤란하다고 생각합니다. 왜냐하면 인류에 막대한 복리를 가져온 연구 성과라는 겉모양만 내세우고 그 뒤, 그러니까 연구 성과가 독으로 사용될 가능성을 덮어 감출 수도 있기 때문입니다.

저는 과학이 늘 중립이라고 말합니다. 좋지도 나쁘지도 않다는 것입니다. 단지 새로운 물질이나 현상을 발견한다든지, 그것을 응용하는 기술이 진화하는 것일 뿐입니다. 다만 과학을 인간이 어떻게 사용하는가 하는, 과학의 사회적인 역할을 생각할 때 진면목이 나오는 것입니다. 인류에 복리를 가져올지, 아니면 해를 입힐지 그것은 전적으로 인간이 어떻게 과학기술을 사용할까에 달려 있습니다.

다이너마이트를 발명한 알프레드 노벨Alfred Bernhard Nobel도 그 역설을 고민한 과학자였던 것 같습니다. 그가 개발한 다이너마이트의 파괴적인 힘은 토지 개간이나 건설 현장 등에서는 큰 도움이 되었습니다. 하지만 그 무시무시한 힘은 적을 대량으로 살상하는 전쟁에서도 사용되었습니다. 그 엄청난 살상력을 눈앞에서 본 당시 사람들은 그를 두고 '죽음의 상인'이라고 떠들었습니다. 그런 불명예스러운 딱지가 붙자 노벨은 과학자로서 깊은 상처를 입었겠지요. 노벨은 자신의 명예를 회복하기 위해 사재를 기금으로 하여 상을 설립하겠다는 유언을 남겼고 화학, 물리학, 생리학·의학, 문학 그리고 세계 평화에 뛰어난 공헌을 한 사람에게 주는 '노벨상'이 생겼습니다.

노벨의 갈등처럼 과학기술은 악용되면 인류를 파멸시킬 만한 마이너스의 요소를 갖고 있습니다. 자신이 개발한 과학기술이 악용될 가능성을 누구보다 빨리 아는 사람은 그 기술을 개발한 과학자 자신입니다. 노벨도 자신의 발명이 전쟁에 사용될 수 있다는 점을 일찍이 알았을 것입니다. 과학자는 인류에 도움 되는 성과를 발표하는 것과 동시에 이렇게 사용되면 위험하다고 경고할 의무도 있습니다.

그러나 과학자는 위험성을 경고하는 것에 신경을 쓰기보다 새로운 발견에 도달하고자 자신의 연구에 몰두하는 쪽을 몇 배 더 즐겁게 여기는 유형의 인간입니다. 말하자면 저를 포함한 과학자의 본성인지도 모릅니다. 솔직히 말하자면 저도 귀찮은 것은 놔두고 제 연구를 생각할 때가 가장 즐겁습니다.

위압적으로 설교할 생각은 없습니다만, 그러나 그것 역시 과학자로서는 충분하지 않다고 생각합니다. 과학자라면 자신의 연구가 사회에서 어떤 역할을 하는지, 악용된다면 어떤 가능성이 있을지를 우선 깊이 생각하지 않으면 안 됩니다. 사회에서 살아가는 인간으로서 사고를 멈춰서는 안 됩니다. 과학자는 그 점을 잊어서는 안 됩니다.

방사능의 악용을 경고한 피에르 퀴리

A. H. 베크렐A. H. Becquerel과 마리 퀴리Maria Skłodowska-Curie, 피에르 퀴리Pierre Curie 부부는 방사능을 발견해 1903년 노벨 물리학상을 수상했습니다. 당시 연설에서 피에르 퀴리는 경고의 말을 담았습니다. "라듐 원소의 발견을 인류에 불행이 아니라 번영을 가져오는 데 사용하기를 간절히 바랍니다." 퀴리는 수상 기념 연설에서 사람들에게 구체적으로 방사능의 위험을 경고한 것입니다.

> 라듐이 범죄자의 손에 들어가면 매우 위험한 것이 되겠지요. 자연의 비밀을 앎에 따라 결국 인류는 이익을 누릴 수 있을까, 그것을 이용하려고 할까, 아니면 이 지식이 해로운 것이 되지는 않을까 하는 문제가 제기됩니다. 노벨의 발견이 좋은 사례입니다. 강력한 폭약으로 우리들은 놀랄 만한 사업을 해왔습니다. 또 그것은 사람들을 전쟁에 몰아넣는 범죄자의 손에 들어가면 무서운 파괴의 수단이 됩니다. 저는 노벨처럼 인류가 새로운 발견에

서 해가 되는 것 이상으로 많은 복리를 이끌어낼 것이라 고 믿는 한 사람입니다.

_『노벨상 강연 물리학1』

노벨처럼 피에르 퀴리도 새로운 발견과 개발이 인류에 해악과 복리를 함께 가져올 양날의 검이라는 점을 시사했습니다. 노벨상 수상 기념 강연에서 전쟁에 대해 이야기하지 말라고 말한 누군가가 크게 잘못됐다고 생각하지 않습니까. 성실한 과학자라면 새로운 발견의 영광에 취하기 전에 생겨날 수 있는 부정적인 부분에 경종을 울려야 할 것입니다.

그러나 그들이 발견한 엄청난 '자연의 비밀'은 퀴리의 경고를 헛되게 만들었습니다. 이 '자연의 비밀'은 그 후 '큰 범죄'에 사용됩니다. 왜냐하면 세계의 사람들이 아무리 평화를 원해도 전쟁을 일으키려는 인간은 어느 시대에나 있기 때문입니다. 또 노벨상을 수상할 정도의 기술을 개발한 과학자 중에 퀴리 같은 과학자로서의 양심을 갖지 않은 인물도 더러 있었습니다.

독가스 연구자도 노벨상을 수상

독일 화학자 프리츠 하버Fritz Haber는 자발적으로 국가 정책에 협력하는 애국자였던 듯합니다. 하버는 제1차 세계대전 중 연합군에 대항하기 위해 독가스를 개발했습니다. 이 개발은 다이너마이트나 라듐같이 평화적인 목적에 사용될 수도 있다는 논쟁을 벌일 만한 사안이 아닙니다. 개발 목적 자체가 적을 죽이는, 살상용이었기 때문입니다.

제1차 세계대전 중 독일군은 동부 전선에서 러시아군을 시작으로 이프르Ypres• 전선의 프랑스군에 대규모로 독가스를 살포해 단시간에 수천 명의 연합군 병사를 유독 염소 가스로 질식사시켰습니다. 고농도의 염소 가스를 마신 병사들은 모두 질식사했고, 저농도의 염소 가스를 마신 병사들은 오랫동안 폐와 기관 등 호흡기 손상으로 고통을 겪었습니다. 독일군의 독가스 사용으로 인해 화학무기의 비인도적인 위협이 전 세계에 알려졌습니다.

다만 독가스 공격에는 바람의 방향이 중요하기 때문에 도중에 바람이 아군 쪽으로 불어버린다든지, 자신들이 살

• 제1차 세계대전 당시 1914년 10월 19일부터 1914년 11월 22일까지 서부전선 이프르에서 벌어진 전투. 이 전투에서 연합군이 승리함으로 제1차 세계대전의 향방이 바뀌었다.

포한 독가스 연막 때문에 적을 몰아넣어 제압할 수 없게 된다든지 등의 이유로 처음 개발 때에는 성능 면에서 문제가 있었던 모양입니다.

독일군의 독가스 사용을 시작으로 영국, 미국, 프랑스도 독가스 개발 경쟁에 들어가 염소 가스, 포스겐, 머스터드 등 제1차 세계대전 중에 제조되어 실전에 사용된 화학제품은 10만 톤이 넘었다고 합니다. 제1차 세계대전은 그야말로 대량살상무기 실험의 장이었습니다. 제1차 세계대전의 희생자는 1,000만 명이 넘습니다. 대량살상무기 개발 경쟁으로 이전까지의 전쟁 개념이 바뀔 정도로 상상을 뛰어넘는 희생자가 나온 것입니다.

그러나 하버는 과학자로서 후회하지 않았던 것 같습니다. 자신은 독일군을 우세로 이끈 공로자이고, 독가스 개발에 대해서는 조국을 위한 위업을 달성했다고 자부했습니다. 남편만큼이나 저명한 화학자였던 부인 클라라 하버Clara Haber는 독가스 개발에 나선 남편의 표변을 이해할 수 없었고 전쟁터에서 벌인 남편의 행위에 절망해 스스로 목숨을 끊고 말았습니다. 그래도 하버는 독가스 개발을 그만두려고 하지 않았습니다.

제1차 세계대전 후 하버는 암모니아 합성법을 발견해 노벨 화학상을 수상합니다. 암모니아는 화학비료 합성에 빠질 수 없는 물질입니다. 암모니아를 인공적으로 만들 수 있게 되어 농작물 생산량도 몇 배로 늘어났습니다.

그러나 하버는 전쟁터에서 염소 가스를 사용한 주모자로도 유명했습니다. '살인에 가담한 화학자'입니다. 당연히 프랑스와 미국은 하버의 수상에 이의를 제기했습니다만 수상 결정을 뒤집을 수는 없었습니다. 노벨 재단은 전쟁터에서의 악행과 암모니아 합성의 업적을 저울질해 식량 생산을 향상시켰다는 인류 공헌 쪽에 비중을 두었던 것입니다. 노벨상 수상에 더욱 자신감을 얻은 하버는 다시 독일이 패권을 되찾을 날에 대비해 화학무기 개발에 몰두합니다.

살충제가 대량살상에 사용되다

그 성과를 아낌없이 활용한 것이 1930년대에 나타난 아돌프 히틀러Adolf Hitler입니다. 독일의 부흥을 내세워 권력을 잡은 독재자 히틀러는 반유대적인 정책을 실행, 유대인을 탄압하기 시작했습니다. 독일의 승리를 위해 화학무기를 개발해온 애국자 하버는 유대인이었습니다. 참으로 얄궂은 이야기입니다. 위험을 느낀 하버는 1933년 영국으로 탈출합니다. 하지만 그 뒤 수백만 명의 유대인이 자신이 개발한 독가스에 학살될 것이라고는 생각지도 못했겠지요.

하버가 발명한 독가스 중 하나로 치클론 BZyklon B라는 청산 가스가 있습니다. 치클론 B는 제1차 세계대전에서 사용한 살인 무기인 염소 가스와 달리 살충제로 개발된 것이었습니다. 그러나 그 유독성에 주목한 나치가 유대인 대량학살에 이용했습니다. 강제수용소 유대인들을 가두고 샤워를 시켜주겠다며 창문 없는 방에 수십 명을 몰아넣고 치클론 B를 살포해 살해했습니다.

이런 나치의 악마 같은 행위가 밝혀진 것은 전후戰後이기 때문에 하버가 이 사실을 어디까지 알았는지는 분명하지 않습니다만, 동포가 학살되는데 마음 편했을 리가 없습니다. 독재자나 범죄자의 손에 넘어간 과학기술은 개발자가 상상도 할 수 없는 방식으로 사용될 수 있습니다. 하지만 남은 자료에 따르면 하버라는 사람은 자신이 개발한 독가스 기술에 대해 죽을 때까지 한 번도 반성을 내비친 적이 없었습니다. 과학자의 과도한 자신감과 애국심이 결합하면 인간으로서 지켜야 할 선을 쉽게 넘어버릴 수도 있는 것 같습니다.

순수한 학문 연구에서 실용주의 연구로

노벨 물리학상은 스웨덴 왕립 과학아카데미라는 기관이 선정합니다. 스웨덴 왕립 과학아카데미가 노벨상을 수여한 연구 내용의 특징을 보면 실용적인 물리학을 높이 평가하는 경향이 있다는 것을 알 수 있습니다.

19세기까지는 이론 중심의 고전물리학이 주류였지만 노벨상이 만들어진 시기와 겹쳐지는 20세기 초부터는 실험을 통한 물리 현상의 발견이나 실용성이 높은 물리학을 중시하기 시작했습니다.

이는 물리학 발전의 과정을 보더라도 당연히 그렇게 될 것이라고 예측할 수 있습니다. 그만큼 과학이 인간 사회에 힘을 갖게 되었다는 것이겠지요. 옛날 과학자는 원리·원칙 추구에 정열을 쏟았지만 어쨌든 실제 사회에 바로 도움이 될 만한 연구 쪽이 연구자에게도 보람이 있습니다. 노벨이 "인류에 공헌한 사람에게 수여하라"라며 만든 상이기 때문에 실용주의적인 연구가 중시된 것은 자연스러운 결과라고도 말할 수 있습니다.

그러나 과학이 실용적으로 그만큼 힘을 갖게 된 것은 피에르 퀴리가 우려했던 것처럼 한층 더 군사적인 목적에 사용될 가능성이 높아진 것이기도 합니다. 말하자면 과학자 자신은 평화로운 목적을 위해 사회에 도움이 되는 수단으로 개발했지만, 실용적인 만큼 군사적인 목적에도 바로 이용되기 쉽습니다. 그 경향은 제1차 세계대전, 제2차 세계대전 또는 한국전쟁, 베트남전쟁 등 '전쟁의 세기'라고 불린 20세기에 점점 더 눈에 띄게 되었습니다.

과학은 원래 중립이라고 말씀드렸습니다만 과학을 사용하는 사람이 '무기로서 이용하고 싶다'라고 한다면 무기 개발을 위해 응용할 수 있는 과학, 나아가 무기 개발에 협력하는 연구기관도 저절로 늘어납니다.

무선 기술도 무기로 이용

1909년 굴리엘모 마르코니Guglielmo Marconi는 칼 페르디난트 브라운Karl Ferdinand Braun과 함께 무선통신 기술 개발로 노벨 물리학상을 받았습니다. 물론 무선통신 기술은 지금은 우리 사회의 인프라에 빠질 수 없는 것이고, 그렇기 때문에 그들의 공헌은 크게 평가될 수 있습니다. 1912년에 일어난 최악의 해상 사고 타이타닉호 침몰 때 1,500명 이상의 사람들이 죽었습니다. 침몰하던 중에 타이타닉호에 탑승했던 마르코니 무선통신회사의 사원이 긴급 구조신호를 송신했다고 합니다. 구조된 사람들은 마르코니사의 무선통신 기술로 구조선을 부를 수 있었다고 고마워했습니다.

이처럼 무선 기술은 사람을 돕습니다. 하지만 군사 부문에서도 큰 이용가치가 있는 분야입니다. 그렇기 때문에 무선통신 분야의 개발은 국가의 정치적인 활동과 군사적인 활동에 긴밀히 연관되어 있습니다. 특히 제1차 세계대전이 시작되자 각국은 총력을 다해 무선 연구를 장려, 무기로서의 무선통신기를 개발했습니다. 특히 진공관을 사용한 소형무선통신장치의 실용화에 박차를 가했습니다. 전시에는 유리한 정보를 적보다 얼마나 빨리 알아낼 수 있는가가 전투의 승패를 가르기 때문에 각국이 전자 분야의 물리학, 그 응용 분야인 전자공학 연구에서 치열한 경쟁을 벌인 것은 당연했겠지요.

미국은 국가 정책으로 항공기용 무선전화 개발을 GE General Electric사와 AT&T사에 맡겨 1918년에 송수신 일체형 진공관식 소형무선전화장치를 완성시킵니다.

GE사의 스케넥터디 연구소 소속이었던 어빙 랭뮤어 Irving Langmuir는 진공관의 기초이론을 만든 업적으로 1932년에 노벨 화학상을 받았습니다. 영예로운 노벨상 기술도 이용가치가 있다면 전시에 국가가 이용합니다. 이것이 '과학 동원'입니다.

핵물리학의 발전과 핵무기의 탄생

1930년대 노벨 물리학상은 갑자기 핵물리학 연구에 대한 수상이 많아집니다. 원자론은 고대 그리스 시대부터 있었고 고대 아테네의 철학자 데모크리토스Democritos가 구축한 것입니다. '우주에 있는 모든 것이 원자로 구성되어 있다'라는 데모크리토스의 이론은 그후 오랜 기간 공상적인 것에 지나지 않는 과학적 근거가 없는 것으로 받아들여졌습니다. 그러나 19세기 말부터 20세기에 걸쳐 '핵물리학의 아버지'라 불리는 영국의 물리학자 어니스트 러더퍼드Ernest Rutherford(1908년 노벨 화학상 수상), 알베르트 아인슈타인Albert Einstein(1921년 노벨 물리학상 수상), 닐스 보어Niels Bohr(1922년 노벨 물리학상 수상), 제임스 채드윅James Chadwick(1935년 노벨 물리학상 수상) 등 물리학자들에 힘입어 그 이론이 맞다는 것을 증명했습니다.

특히 러더퍼드의 제자인 채드윅은 미지의 입자 '중성자'를 발견했고, 역시 노벨 물리학상을 수상한 이탈리아 출신의 이론물리학자 엔리코 페르미Enrico Fermi는 채드윅의 발견에 힌트를 얻어 다양한 원소를 중성자와 충돌시켜 원자를 붕괴시키는 실험을 시작했습니다.

페르미의 부인은 유대인이었습니다. 그래서 페르미는 무솔리니 파시스트 정권의 박해를 피해 1938년 노벨상 수상 때 미국으로 망명했습니다. 그런데 그 직후 독일에서 오토 한Otto Hahn이 핵분열 실험에 성공했다는 것을 알게 됩니다. 미국에서 페르미는 핵분열 반응 연구를 맡아 1942년 시카고대학에서 세계 최초의 원자로 '시카고 파일 1호'를 완성시킵니다. 이 원자로를 이용해 원자핵 분열의 연쇄 반응 제어를 사상 최초로 성공합니다.

이 성공을 보고 세계의 물리학자들은 이렇게 추측했을 겁니다. '원자핵 분열의 연쇄 반응을 자유롭게 제어할 수 있다면 인류가 비약적으로 발전할 무진장無盡藏의 새로운 에너지를 손에 넣을 수 있을 것'이라고 말입니다. 그리고 동시에 이 에너지를 이용해 전대미문의 엄청난 위력을 갖는 무기도 만들 수 있지 않을까 하고 말입니다.

인류에게 복리를 가져다줄 것인가, 그렇지 않으면 해를 줄 것인가. 노벨상 기술은 핵물리학의 급격한 발전에 따라 그 해로움이 세계를 파괴할 수도 있는 두려운 기술이 될 수 있는 지경에까지 와버렸습니다. 그리고 세계의 물리학자들이 예상한 대로 핵물리학의 다양한 실험 성과는 핵무기 개발에 이용되고 있습니다.

Part 2

전시에 과학자는 무엇을 했나

전쟁에 동원된 과학자

제1장에서 저는 과학은 중립인데 그것을 사용하는 인간이 악용한다고 말씀드렸습니다. 19세기 프랑스의 생화학자·세균학자인 루이 파스퇴르Louis Pasteur는 "과학에는 국경이 없지만 과학자에게는 조국이 있다"라는 유명한 말을 남겼습니다. 그렇습니다. 파스퇴르가 말한 것처럼 과학자는 자신이 연구하는 학문에 국경이 없다고 여깁니다. 그래서 국경을 넘어 세계인으로서 의견 교환을 한다든지, 때로는 서로 협력해 실험에 도전하는 경우도 있습니다. 그리고 그런 국제적인 관점은 시야를 넓힌다는 의미에서 과학자에게 필요한 부분입니다.

그러나 만약 국가 간의 긴장이 높아져 마침내 전쟁이 발발한다면 "과학자에는 국경이 없다" 같은 한가한 말을 할 수 없게 됩니다. 독가스 연구자인 프리츠 하버는 진정한 애국자였습니다만, 전시에는 세계인을 목표로 했던 다른 과학자들조차 자유로운 행동을 할 수 없게 되어 좋든 싫든 국가 정책을 지원하는 조직에 반강제적으로 참여해야 했습니다. 노벨상을 받을 정도로 국제적인 활약을 한 과학자도 예외가 아닙니다. 그래서 전쟁이 무섭습니다.

제1차 세계대전에서 독일 군사력의 바탕이었던 높은 과학기술 수준은 상대국에게 큰 위협을 안겼습니다. 독일에서는 1911년 카이저 빌헬름 과학진흥협회를 설립해 '국방에 과학의 도움을 받는다'라는 목표 아래 많은 전문 연구소를 운영하는 모체가 되어 유사시에 대비했습니다. 하버도 그 협회가 설립한 베를린 연구소에서 제1차 세계대전 중에 열심히 독가스를 개발했습니다.

독일은 제1차 세계대전에서 패했지만 독일 정부는 과학기술을 전쟁 전보다 더 엄격하게 국가통제 아래 둡니다. 1920년에는 독일학술연구협회가 설립됩니다. 이 조직은 나치스 정권 출범 후에 독일연구협회로 재편되어 모든 학회,

협회를 통합했고 모든 학자, 연구자, 학생을 협회에 강제 가입시킵니다. 말 그대로 국가총동원입니다.

독재 정권 혹은 파시스트 정권의 국가 통제는 어디나 비슷합니다만 독일을 위협적으로 느낀 각 선진국들도 경쟁하던 과학 연구를 조직화해서 지원을 강화하는 정책을 실시합니다.

영국도 1914년에 과학기술위원회를 설립했습니다. 또 1916년에는 과학기술연구청을 만들어 1904년에 아르곤 발견으로 노벨 물리학상을 받은 J. W. S. 레일리John William Strutt Rayleigh가 위원이 되어 왕성하게 활동합니다. 그리고 나치 정권 탄생으로 위기감이 커지자 항공기 폭격에 대항하기 위해 1934년 방공과학조사위원회를 설립합니다. 전파를 이용해 항공기를 조기에 발견하는, 그러니까 레이더 개발에 힘을 쏟습니다. 이를 위해 많은 물리학자가 레이더 연구에 동원되었습니다. 성능은 낮았지만 1935년 세계에서 처음으로 항공기 탐지에 성공한 것은 영국이었습니다.

일본에서도 과학 연구를 국가 정책에 유용하게 쓰자는 인식이 급속히 높아져 1917년에 이화학연구소理化學硏究所가 설립됩니다. STAP 세포stimulus-triggered acquisition of pluripotency cell(자극-야기성 다기능성 획득세포) 부정 논문 문제로 화제가 되었던 그 이화학연구소의 전신입니다. 최정상의 물리학·화학 연구자를 동원해 제2차 세계대전의 한가운데에서 국가 정책으로 비밀리에 원자폭탄 연구도 했다고 합니다. 1932년 설립된 일본학술진흥회는 정부 보조금과 민간 기부금으로 자연과학, 사회과학 전반에 걸쳐 연구를 지원하는 기관이었습니다. 이후 일본이 군국주의로 점점 더 기울어가면서 연구는 온통 군사 목적이 되었습니다.

과학에는 국경이 없어도 조국이 전쟁에 말려들어가면 과학자들은 할 수 없이 군사 목적으로 내몰려 애국심을 강요받게 됩니다. 솔선해서 협력한 연구자도 있겠지만 자유롭게 연구하는 환경을 빼앗겨 갈등하는 연구자도 많았겠지요.

원자폭탄을 완성시킨 미국의 강력한 과학자 동원

미국도 유럽 열강에 지지 않겠다며 제1차 세계대전을

계기로 과학 정책의 강화를 꾀했습니다. 1916년에 미국학술연구회를 설립했고 1933년에는 뉴딜 정책의 더욱 강력한 자문기관으로 과학고문회의를 설치했습니다.

제2차 세계대전 발발 후에는 국방연구회의를 만들어 본격적으로 과학기술연구 재편에 나섰습니다. 1941년에는 군사 연구에 관한 기초 연구로부터 무기 생산 라인에 이르기까지 전체 조직을 총괄하는 과학연구개발국을 신설합니다. 여기에서는 레이더, 전자계산기, 페니실린 등의 연구 개발이 진행되었습니다.

그리고 1941년 여름, 영국으로 망명했던 오스트리아 출신 핵물리학자 오토 로베르트 프리슈Otto Robert Fritch와 공동연구자인 루돌프 파이얼스Rudolf Peierls의 보고서가 미국에 전해집니다. 이 보고서에는 원자폭탄의 구조를 이론적으로 밝히고, 원자폭탄 제조의 실현 가능성에 대한 이야기가 담겼습니다. 이 보고서를 근거로 4년간 총 20억 달러의 예산과 연인원 3,000명의 과학자가 동원된 그 유명한 미국·영국·캐나다의 거대 프로젝트, '맨해튼 프로젝트'가 시작됩니다.

여기서 한 가지 의문이 생깁니다. 제1차 세계대전 중에는 상대국의 눈이 동그래질 정도로 높은 수준의 과학기술을 군사적으로 선보였던 독일은 왜 레이더나 핵무기 개발을 진행하지 못했을까요. 원자폭탄 제조의 성공이 왜 제2차 세계대전을 미국의 승리로 이끈 걸까요. 미국만이 아니라 독일에도 최정상의 연구자가 연구를 했을 텐데 말입니다.

이 의문에는 여러 대답을 생각할 수 있겠지만 미국이 가진 방대한 정보망과 자금력 그리고 강력한 국가 지원과 배경에 더불어 과학자 개인의 협력 의식도 크게 관여했다고 생각합니다.

예를 들어 헝가리에서 망명해 온 물리학자 레오 실라르드Leo Szilard는 아인슈타인의 서명을 빌려 천연 우라늄을 연쇄반응 시켜서 신형 우라늄폭탄을 만드는 아이디어를 미국의 루스벨트 대통령에게 편지로 보냅니다.

유대계였던 실라르드는 가까스로 나치의 손에서 벗어난 뒤로 과학자로서 독일이 먼저 원자폭탄 개발에 성공하도록 해서는 결코 안 된다고 생각했습니다. 나치가 우라늄을 긁어모으는 것을 알고 있었기 때문입니다. 나치의 적국인 미국에 자발적으로 협력해서 원자폭탄의 완성을 서두르는 쪽이 낫다고 판단한 것입니다.

마찬가지로 유대인이었던 아인슈타인도 나치의 박해를 피해 미국으로 망명한 과학자 중 한 사람이었습니다. "나치에 결코 원자폭탄을 넘겨서는 안 된다"라며 협력을 부탁한 실라르드의 생각에 동의해 미국 대통령에게 편지까지 보냈습니다. 물론 미국 정부는 그 요청을 받아들이지 않을 이유가 없었습니다. 두 과학자는 맨해튼 프로젝트의 강력한 조력자로서 원자폭탄 개발에 관여했습니다.

정책 결정에서 배제된 과학자

그러나 실라르드가 일개 과학자로서 했던 사회적인 행동도 결국 미국의 원자폭탄 완성이 가까워지면서 공허한 것으로 변합니다. 1945년 봄, 독일의 항복이 기정사실화 되어 더 이상 원자폭탄의 완성을 서두를 필요가 없어졌기 때문입니다.

전황戰況이 연합군의 승리로 기울어지는 중에 미국은 최

후까지 저항한 일본에 원자폭탄 투하를 결정했습니다. 실라르드는 원래 전쟁 반대라는 이상理想을 앞세웠던 평화주의자였기 때문에 이 결정에 반대하는 목소리를 높였습니다. 이 의견에 찬성하는 몇 명의 물리학자와 함께 경고 없이 일본에 원자폭탄을 투하하는 것에 반대한다는 청원서를 작성했습니다. 적어도 자신이 요청해 개발에 가담한 무기의 사용에 발언할 권리 정도는 있다고 생각했기 때문입니다. 그러나 그들의 발언도 청원서도 결국 아무런 효력도 갖지 못했습니다. 정부는 과학자들의 주장은 들으려고도 하지 않았고 일본에 두 발의 원자폭탄을 떨어뜨렸습니다.

전쟁 중의 과학자는 전쟁에 협력을 아끼지 않는 동안에는 중용重用되지만 그 역할이 끝나면 정책 결정에서 밀려나 정보조차 알 수 없습니다. 국가 정책으로 동원된다는 것은 바로 그런 것입니다. "편리한 것을 만들어주어서 고마워"로 끝입니다. 어떤 군사 무기도 그것을 완성한 시점부터는 연구자, 개발자의 손에서 멀어져 100퍼센트 정부의 것이 됩니다. 그리고 그것이 아무리 위험하게 사용되더라도 개발한 당사자는 손을 쓸 수 없습니다.

과학자들의 속죄 의식

일본에 원자폭탄이 투하된 그 비참한 '실험의 성과'가 밝혀진 때 원자폭탄 개발에 가담한 과학자들 중 도대체 몇 명이 쾌재를 불렀을까요. 양식良識 있는 연구자라면 평생 씻지 못할 자책감을 느꼈을 것입니다.

일본에 원자폭탄이 떨어졌다는 첫 보도를 들었을 때 아인슈타인은 큰 충격을 받고 "아아, 도대체 왜 이런 일이!"라며 안타까워했습니다. 전후 아인슈타인은 미국에 머물고 있던 1949년 노벨 물리학상 수상자 유카와 히데키湯川秀樹를 찾아가 "원자폭탄으로 아무 죄도 없는 일본인에게 상처를 주었습니다. 모쪼록 저를 용서해주세요"라고 눈물을 흘리며 몇 번이고 머리를 숙였다는 일화도 있습니다.

아인슈타인은 핵무기 폐기를 목표로 앞장서서 평화 운동에 나섰습니다. 이는 자신의 힘이 닿진 않았지만 결국 일본에 원자폭탄을 떨어뜨렸다는 깊은 속죄의 마음 때문이라고 생각합니다.

맨해튼 프로젝트를 지도했던 이전의 과학자가 가졌던

권력과는 차원이 다를 정도의 권력을 가졌던 핵물리학자 로버트 오펜하이머Robert Oppenheimer도 속죄 의식을 가진 과학자 중의 한 사람이었습니다. 전후 수소폭탄 제조라는 국가 정책을 목소리 높여 반대하는 바람에 스파이 혐의까지 받아 자리를 잃고 정책 일선에서 물러나게 되었습니다.

제 스승 사카타 쇼이치 선생은 자신의 저서 『원자력을 둘러싼 과학자의 사회적 책임原子力をめぐる科学者の社会的責任』에 이렇게 분개하며 썼습니다. "당시의 미국은 원자력 히스테리에 걸려 있었으며 원자폭탄제국주의 아래에서 과학자는 군인이나 정치인의 명령대로 일하는 병사가 아니면 안 됐다."

원자폭탄은 대량살상무기에 그치지 않고 전쟁의 승패 또는 국제정치를 좌우하는 도구였다는 점에서 과학 연구의 방법에 근본적인 질문을 던졌습니다.

제2차 세계대전 후 과학자들의 반역

우리들, 과학하는 사람들은 과연 이대로 좋은 것일까요.

제2차 세계대전이 끝난 뒤 세계 각국에서 국가 정책의 장기짝으로 이용된 과학자들의 저항·반역의 목소리가 높아지기 시작했습니다.

군사 기술에서 뒤졌던 소련도 자원·인재를 강제로 집중해 미국에 뒤이어 불과 4년 만에 원자폭탄을 완성했습니다. 새로운 동서 냉전이 시작된 것입니다. 그런 가운데 과학의 평화적 이용을 바라는 과학자들이 과학 연구가 점점 더 핵무기를 중심으로 하는 군사 무기 개발에 편입되어가는 위기를 지적하고 나섰습니다. 과학자의 사회적 책임을 따지는 움직임이 이 정도로 강했던 것은 역사상 처음 있는 일이었습니다.

나치는 수백만 명의 유대인을 학살하는 가공할 범죄를 저질렀습니다. 하지만 원자폭탄제국주의는 그보다 더하면 더했지 못하지 않습니다. 핵전쟁이 시작되면 수백만 명 정도가 아니라 세계를 파괴할지도 모릅니다. 그런 일이 결코 있어서는 안 된다고 생각한 과학자들은 우선 연대하는 조직을 만들기 시작했습니다.

미국에서는 원자폭탄 관련 기업이나 그와 밀접한 관계

에 있는 대학의 연구자들이 다른 분야의 과학자 조직과 합쳐 미국 과학자 연맹을 결성했습니다. 이 연맹은 미국 민주주의의 양심을 지키자는 과학자들의 의식 표명이자 노골적인 군사화 정책에 철저하게 항전을 목표로 내걸었습니다. 하지만 그들은 원자폭탄제국주의가 결코 평범한 방법으로는 막을 수 없는 구조를 가졌다는 것을 꿰뚫어 봤어야 했다고 제 스승 사카타 선생은 지적했습니다. 이상론理想論만 말하는 그들의 싸움은 결국 독점 지배를 강화해가는 국가와의 싸움에서 목표 지점의 한참 앞에서 좌절해갔습니다.

이에 비해 영국, 프랑스의 과학자들은 좀 더 깊은 통찰력을 갖고 행동했습니다. 영국의 과학 노동자 연맹은 물리학자 패트릭 블래킷Patrick Blackett이 제안한 원자폭탄 즉시 파괴를 지지했고 영국·미국 정부가 거기에 찬성하지 않는 것을 비난했습니다. 게다가 프랑스 과학자들은 각 정부를 향해 원자폭탄을 절대로 먼저 사용하지 않는다고 천명하라고 요구했습니다.

이런 움직임은 그후 스톡홀름에서 열린 세계평화평의회 총회에도 영향을 미쳐 세계 여러 사람들의 찬성을 얻었습니다. 프랑스의 졸리오 퀴리Joliot-Curie를 회장으로 영국의 존 데스몬드 버널John Desmond Bernal, 폴란드의 레오폴드 인펠트 Leopold Infeld 등 세계적으로 저명한 핵물리학자들이 운영한 세계평화평의회는 주요국 지도자들에게 다음과 같은 요구를 했습니다.

"모든 원자무기의 금지와 국제적 관리의 실현을 바라며 원자무기를 최초로 사용한 나라의 정부에게는 전쟁범죄자의 낙인을 찍는다는 선언을 지지해달라"라고 말입니다.

그러나 이 평의회의 요구도 당시 위정자들의 귀에는 닿지 않았습니다.

위정자에게 닿지 않는 과학자들의 목소리

과학자들이 이런 대규모 평화운동을 넓혀가는 가운데 아무렇지도 않게 나온 것인 트루먼 대통령의 수소폭탄 제조 명령입니다.

이에 대해 미국의 과학자들은 반대 목소리를 높이 냈습

니다. 특히 아인슈타인은 국가의 안전을 무장으로 지키겠다는 사고방식을 강하게 비판했습니다. 수소폭탄 제조 명령은 인류 전체를 파멸로 끌고 갈 것이라 규탄했습니다. 그리고 만약 수소폭탄이 완성되어 실제로 사용된다면 방사능으로 대기가 오염되고 지상 모든 생물의 절멸을 피할 수 없다고 경고했습니다.

그럼에도 불구하고 트루먼의 명령은 착착 실행에 옮겨져 1952년에는 마셜제도Marshall Islands의 에니위톡환초Eniwetok Atoll에서 사상 처음으로 수소폭탄 실험이 실시되었습니다. 미국 정부는 소련의 위협 때문에 평화를 향한 과학자의 외침을 무시해버렸습니다.

한편 소련은 1949년 원자폭탄 실험에 성공했고, 1953년 여름에는 수소폭탄을 완성했습니다. 게다가 이것은 중수소화리튬(LiD)을 이용한 새로운 형태로, 삼중수소(^{3}H)를 사용한 미국 방식보다 비용면에서나 기술면에서 한참 뛰어났습니다.

1954년 3월 비키니환초Bikini Atoll에서 진행된 수소폭탄 실험은 한 차례 잃어버린 미국의 우위를 되돌리기 위한 계획이었습니다. 그러나 이 실험은 세계에 미국의 우위를 알리기는커녕 7,000평방마일이라는 넓은 범위에 죽음의 재를 뿌려 비키니환초 부근을 항해하던 일본의 제5후쿠류마루第5福龍丸•에 피해를 주었을 뿐 아니라 대기와 바닷물을 오염시켜 각지에 방사능 비를 내리게 했습니다. 제5후쿠류마루 사건이 히로시마廣島, 나가사키長崎에 원자폭탄을 맞고 그 상처가 아물지 않은 일본 전체를 뒤흔든 것은 말할 필요도 없습니다.

핵무기 폐기를 외친 러셀·아인슈타인 선언

미국이 비키니환초에서 실시한 수소폭탄 실험의 무서운 결과를 목격한 많은 사람들은 아인슈타인이 경고한 불길한 미래를 떠올리며 위기감을 가졌습니다. 영국의 철학자 버트런드 러셀Bertrand Russell은 아인슈타인의 의견을 처음에는 그다지 진지하게 받아들이지 않았습니다만 비키니환초의 진상을 안 뒤, 아인슈타인이 병으로 숨지기 몇 주 전에 그와

• 제5후쿠류마루는 일본의 참치잡이 어선으로 1954년 3월 1일 비키니환초에서 행해진 미국의 수소폭탄 실험에 의해 방사능에 노출되었다. 이 사건으로 선원 23명 중 1명이 사망했다.

함께 이 위험성을 전 세계에 경고하기로 결심했습니다. 동서東西 양 진영 정상의 과학자들에게 동참해달라 요청했습니다.

그 결과 많은 노벨상 수상자들이 이 선언에 서명했습니다. 거기에 이름을 올린 사람은 막스 보른Max Born(물리학상), 퍼시 윌리엄스 브리지먼Percy Williams Bridgman(물리학상), 알베르트 아인슈타인(물리학상), 레오폴트 인펠트Leopold Infeld, 장 프리테리크 졸리오-퀴리(화학상), 허먼 조지프 멀러Hermann Joseph Muller(생리의학상), 라이너스 칼 폴링Linus Carl Pauling(화학상), 세실 플랭크 파월Cecil Frank Powell(물리학상), 조지프 로트블랫Joseph Rotblat(평화상), 버트런드 러셀(문학상), 유카와 히데키湯川 秀樹(물리학상) 등 쟁쟁한 사람들이었습니다.

그리고 그 선언을 미국, 영국, 소련, 중국, 프랑스, 캐나다 6개국의 정상들에게 보냈습니다.

나중에 러셀·아인슈타인 선언으로 불리게 된 1955년의 이 성명(발췌)을 여기에 소개하겠습니다.

러셀·아인슈타인 선언(1955년)

우리 과학자들은 인류가 비극적 상황에 처한 속에서 회

의를 열어 대량살상무기 개발로 얼마나 큰 위기에 빠질 것인가를 예측해 초안에 담긴 정신에 입각해 해결 방안을 모색해야 한다고 생각한다.

(중략)

우리들에게는 새로운 사고방식이 필요하다. 우리들은 스스로 질문하기를 배우지 않으면 안 된다. 그것은 우리들이 좋아하는 어느 한쪽의 진영을 군사적 승리로 이끌기 위해 택하는 수단이 아니다. 즉, 그런 방법은 더 이상 존재하지 않는다. 우리들은 어떤 방법을 쓰면 쌍방에 비참한 결과를 가져올 것임에 틀림없는 군사적인 다툼을 방지할 수 있는지에 대해 스스로 질문해야 한다.

일반 사람들, 그리고 권위 있는 지위에 있는 많은 사람들조차도 핵전쟁으로 초래될 사태를 아직 자각하지 못하고 있다. 일반 사람들은 도시가 말살되는 정도로밖에 생각하지 않는다. 새로운 폭탄은 과거의 폭탄보다 훨씬 강력하다. 원자폭탄은 한 발로 히로시마를 말살했었지만, 수소폭탄 한 발로는 런던이나 뉴욕, 모스크바 같은 거대도시를 말살할 수 있다.

수소폭탄 전쟁이 일어나면 대도시가 흔적도 없이 파괴될 것이다. 여기에는 의문의 여지가 없다. 그러나 이것은 우리들이 직면할 작은 비극적인 참사의 일부이다. 예를 들어 런던, 뉴욕, 모스크바의 모든 시민이 절멸한다고 해도 2~3세기가 지나면 세계는 그 피해에서 회복할 수도 있다. 그러나 비키니환초 실험 이후, 핵폭탄은 지금까지의 예상보다 훨씬 더 광범위하게 파괴력을 넓혀 갈 것이라는 것을 지금 우리는 알고 있다.

신뢰할 수 있는 권위 있는 소식통은 지금은 히로시마를 파괴한 원자폭탄의 2,500배나 강력한 폭탄을 제조할 수 있다고 이야기한다. 만약 그런 폭탄이 지상 가까이에서나 수중에서 폭발한다면 방사능을 지닌 입자가 공중으로 날아 올라간다. 그리고 이 입자들은 죽음의 재 또는 비의 형태로 서서히 낙하해 지구 표면으로 떨어진다. 일본의 어부들과 제5후쿠류마루의 어획물을 오염시킨 것은 재였다. 이런 죽음을 가져오는 방사능 입자가 얼마나 널리 확산되는지는 아무도 알 수 없다. 그러나 수소폭탄에 따른 전쟁이 인류의 종말을 가져올 가능성이 충분하다고 전 세계 지성들이 한목소리로 외친다. 만약 다수의 수소폭탄이 사용된다면 절멸이 일어날 우려가 있다. 폭발로 죽는 것은 아주 잠깐이고 순간적이다. 하지만 폭발의 여파에 의해 다수는 서서히 병의 고통을 겪으며 신체가 파괴된다.

저명한 과학자와 권위자들은 군사전략 차원의 많은 경고를 하고 있다.하지만 이들 중 누구도 수소폭탄 개발이 최악의 결과를 가져올 것이라 선동하며 대중을 공포로 몰아넣지 않는다. 그들은 단지 이런 결과가 일어날 가능성이 있다고 경고하며, 누구도 그런 일이 일어나지 않는다고 단언할 수 없다고 말한다. 이 문제에 대한 전문가의 견해가 그들의 정치적인 처지와 편견에 조금이라도 좌지우지되었다는 이야기를 지금까지 들어본 적이 없다. 그들의 견해는 단지 전문가 각자의 지식의 범위에 바탕을 두고 있다. 가장 잘 알고 있는 사람이 가장 비관적인 전망을 가지고 있다.

(중략)

우리들은 이 회의 소집을 통해, 세계 과학자들 또 일반

대중에게 다음의 결의에 서명해줄 것을 요청한다.

"미래의 세계전쟁에서는 아마도 핵무기가 사용될 것이며 그리고 그런 무기가 인류의 존속을 위협하고 있다는 사실을 감안해 세계의 모든 정부는 자국의 목적을 실현하는 수단으로서 세계전쟁을 일으켜서는 안 된다는 점을 자각하고 공개적으로 인정할 것을 권고한다. 그리고 그에 따라 우리들은 그들 사이의 모든 분쟁 문제의 해결을 위한 평화적인 방법을 강구하도록 촉구한다."

_1955년 7월 9일 런던에서

전쟁 반대를 내건 퍼그워시 회의

이 러셀·아인슈타인 선언의 흐름을 받아들여 과학자들은 핵무기 개발·발전과 함께 일어난 일련의 위기를 회의를 열어 서로 공유하자고 뜻을 모았습니다. 이렇게 해서 시작된 것이 퍼그워시 회의입니다. 1957년 7월에 제1회 퍼그워시 회의가 열렸습니다. 이 회의의 가장 중요한 목적은 서로 다른 정치 또는 경제 체제인 국가의 과학자들이 모여서 이데올로기나 믿음의 다름을 넘어서 전쟁과 핵무기로 인류가 입을 재앙에 대해 논의하는 것이었습니다.

제3회 회의에는 제 스승인 사카타 쇼이치 선생도 참가했습니다. 사카타 선생에 따르면 회의에 참가한 거의 대부분의 과학자들은 국제정치에서 핵의 역할을 줄이고 장기적으로는 전체 폐기를 목표로 내세웠습니다. 그러나 일본을 향한 원자폭탄 투하에 반대했던 레오 실라르드만은 "어떤 일도 만장일치라는 것은 있을 수 없다. 반드시 다른 의견이 있을 것"이라는 신념으로 언제나처럼 정반대의 다른 의견을 말했다고 합니다.

실라르드는 핵을 모두 폐기하는 것은 현실적이지 않다고 생각했습니다. 그렇기 때문에 열강이 핵과 잘 공존하는 방법을 찾는 것이 중요하다고 말했던 것입니다. 그래서 미국과 소련이 힘의 균형을 깨지 않기로 약속하자고 제안했습니다. 당시는 냉전의 한가운데였기에 미국과 소련 양 진영의 핵의 균형 위에서 불온한 평화가 만들어져 있었습니다. 언뜻 극단적으로 보이지만, 실라르드의 의견도 논의의 좋은 자극이 되었다고 사카타 선생은 말했습니다.

퍼그워시 회의는 이렇게 국경을 초월해서 활동을 이어갔습니다. 노벨 위원회는 1995년 퍼그워시 회의와 당시 회장인 조지프 로트블랫Joseph Rotblat에게 노벨 평화상을 수여하기로 결정합니다. 히로시마와 나가사키에 두 개의 원자폭탄이 투하된 뒤 50년, 러셀·아인슈타인 선언으로부터 40년 후의 일이었습니다.

"(퍼그워시) 회의는 과학자가 그 발명에 책임을 가지지 않으면 안 된다는 인식을 갖고 있다. 회의는 새로운 무기 사용이 가져올 파괴적인 결말을 강조해왔다. 그들은 핵무기의 위협을 줄이려는 건설적인 제안을 마련하기 위해 정치적인 분단을 넘어서 과학자와 정책결정자를 협력시켰다"라며 노벨 위원회는 수여 이유를 말했습니다. 나아가 노벨 평화상 수여가 "세계에서 핵무기를 폐기하기 위한 세계 지도자들의 노력을 고무시키기를 바란다"라고 매듭지었습니다.

그런데 노벨 평화상까지 받은 퍼그워시 회의의 내용이 각국 정상들의 귀에 얼마나 들렸을까요. 회의에서 나온 성명과 선언의 구체적인 내용은 그때마다 각국 정상들에게 보내졌습니다. 하지만 얼마나 진지하게 살펴봤는지는 분명하지 않은 것 같습니다. 다만 당시 사카타 선생에 따르면 일본의 정상이 보낸 답신만큼 '무미건조한' 대답이 없었다고 합니다. 외무성 담당자가 접수했다는 확인 답신을 보내왔을 뿐이었습니다. 세계에서 유일하게 원자폭탄 피해를 본 나라의 반응이라고 생각할 수 없다며 사카타 선생은 화를 냈습니다.

전후 수십 년 걸려 세계적으로 유명한 원전 입국立國이 된 일본의 정치 흐름을 본다면, 그런 반응도 당연하다고 생각합니다.

베트남 전쟁에서 반복된 과학자의 전쟁 동원

지금까지 제2차 세계대전 말까지의 과학자 동원을 대략 돌아보았습니다. 또 전후 과학 연구가 군사 부문에 편중되는 것을 우려한 과학자들의 핵무기 폐기 운동과 과학자 자립을 목표로 하는 활동도 함께 살펴보았습니다. 이 활동은 의미 있는 것이었습니다.

핵 폐기와 평화적 분쟁 해결을 외친 과학자들의 활동이 크게 보도되었지만 과학기술을 군사 부문에서 더욱 효율적으로 운용하려는 추세는 결코 사라지지 않았습니다. 다만 전시에는 공공연하게 동원되었던 과학이 전후에는 사람들의 눈에 띄지 않는 곳에서 비밀리에 음모를 꾸미듯 행해졌습니다.

여러분, 베트남 전쟁에서 보이지 않게 활약한 '제이슨JASON'이라는 엘리트 과학자 집단의 비밀조직을 아시나요. 저는 1970년대 초 언론에 폭로된 이 비밀조직의 실태를 알고 아연실색했습니다. 미국 국방부의 비밀기관, '제이슨'에 모인 사람들은 하나같이 노벨상을 받을 만한 일류 과학자들이었습니다. 실제로 이 조직원 중에는 몇 명의 노벨상 수상자도 있었습니다.

그들 대부분이 소립자나 물리학, 고에너지물리학을 전문으로 하는 물리학자였습니다. 제이슨 기관의 과학자들은 1964년부터 베트남 전쟁에 관여하기 시작했다고 알려져 있습니다. 그들은 도대체 무엇을 했던 걸까요.

한마디로 말하면, 어떻게 하면 미군의 희생을 줄이고 베트남 사람들을 효과적이고 신속하게 죽일까 하는 노하우를 제공하는 것이었습니다. 이런 요청을 받고 동원된 우수한 과학 엘리트 집단은 전쟁의 자동화 구상을 명확하게 제시하며 다양한 전쟁 기술을 군부에 제공했습니다. 전자 장벽electronic barrier• 이라고 불리는 게릴라 침투 방지 시스템을 비롯해 새로운 무기를 사용한 여러 폭동 진압 기술 등 그들은 연구실에 있으면서 베트콩•• 사냥에 참여했습니다.

이런 이야기가 있습니다. 베트남에서 게릴라 소탕 작전을 벌일 때 미군 장교들은 병사들에게 게릴라를 몇 명 죽였는지 각자 보고하도록 했습니다. 그랬더니 대개의 병사가 실제로 죽인 사람 수보다 늘려서 보고를 했습니다. 그때까지 그들이 보고한 사람 수를 전부 더하면 이미 베트콩은 사라지고 없어야 할 정도였지요. 어떻게든 정확한 사람 숫자를 파악하고 싶었던 군 간부가 제이슨에 의논을 했더니, 죽

• 베트남 국경의 서쪽 끝에서 라오스까지 이어지는 전술상 방벽을 말한다. 맥나마라 라인McNamara Line이라고도 한다. 제이슨은 최소한의 군대로 공중 저지, 광산 및 전기 탐지의 기능을 장벽을 구상하여 군에 지원했다.

•• 1960년 12월 20일 결성되어 남베트남 및 미국과 전쟁을 치른 베트남민족해방전선Vietnamese National Liberation Front: NLF 소속으로 정식명칭은 베트남 공 산Viet Nam Cong San이다. 베트남공산주의자Vietnamese Communists라는 의미를 갖는다.

인 베트콩의 왼쪽 귀를 잘라 바늘에 꽂아서 병사들에게 가져오게 하면 정확한 사람 수를 알 수 있다는 아이디어를 냈다고 합니다.

이 이야기를 들은 저는 이것이야말로 과학자의 의식이 전쟁에 동원된 것이라 생각했습니다. 전쟁에 가담해 이렇게나 비도덕적인 살인 아이디어를 낸다는 것은 분명히 세뇌되었다고밖에는 볼 수 없습니다.

그들도 처음에는 자신이 전쟁이나 살인 행위에 가담하는 것에 저항했었을지도 모릅니다. 그러나 폐쇄적인 공간에서 밤낮으로 사람 죽이는 전술만을 생각하는 상황은 그들을 변하게 만듭니다. 세계에서 아무리 '베트남 전쟁 반대 End the War in Vietnam' 등 반전 운동이 확산되고 있어도, 전쟁에 가담한 당사자들에게는 먼 세계의 웅성거림으로밖에 들리지 않을 것입니다. 그리고 한 번이라도 전쟁의 범죄 행위에 손을 담가버린 과학자는 그 상처로부터 좀처럼 회복될 수 없습니다.

맨해튼 프로젝트와 제이슨의 유사성

제2차 세계대전이 끝나고 20여 년이 지나서야 제이슨의 존재가 밝혀졌습니다. 이는 참으로 상징적인 일입니다. 미국이 과학자들을 대량 동원해서 원자폭탄 제조에 박차를 가한 '맨해튼 프로젝트'와 '제이슨'이 과학자를 동원해 살인 무기와 전술을 개발한 구조는 똑같습니다.

실제로 제이슨에서 활동했던 과학자들은 맨해튼 프로젝트의 흐름을 이어받은 사람들이었다고 합니다. 제이슨을 구상한 사람은 맨해튼 프로젝트를 이끌었던 유진 위그너 Eugene Wigner(노벨 물리학상 수상)와 존 휠러John Archibald Wheeler 같은 인물로 위그너는 아인슈타인, 실라르드와 함께 최초로 루스벨트 대통령에게 핵분열 연구의 중요성을 설명한 사람이었습니다. 전후 아인슈타인 등이 핵무기 개발에 우려를 표명한 것과 반대로 위그너는 제이슨을 제안했고, 그후에도 일관되게 원자폭탄 연구의 이론적 지도자로 국가 정책에 협력했다고 합니다.

맨해튼 프로젝트라는 정책 아래 동원되어 원자폭탄 제

조에 가담한 과학자들이 한편에서는 과학의 평화적 이용을 전 세계에 촉구하고, 또 한편에서는 다시 살인무기 개발에 매진했습니다. 아인슈타인도 위그너도 노벨상을 받은 세계적인 일류 과학자들이었습니다.

저는 전자가 선인이고 후자는 범죄에 손을 담은 악인이라 말할 생각은 없습니다. 이 두 부류에 그다지 큰 차이가 있다고는 생각하지 않습니다. 국가 권력이라는 거대한 압력을 마주하면 아무리 강인한 정신을 가진 사람이라도 제대로 말을 할 수 없게 됩니다. 거역하면 과학자로서의 앞길은 막히게 됩니다. 침묵할 수밖에 없는 것입니다. 지금까지 봐온 것처럼 과학자가 정치를 움직이는 것은 매우 어렵습니다.

이제 저는 더 이상 과학자가 전쟁에 동원되는 일은 일어나지 않을 것이라 낙관하지 않습니다. 다음 장에서 자세히 말하겠지만 오히려 현대에는 더 교묘하게 돈과 권력을 사용하여 과학자들을 전쟁에 끌어들이고 있습니다.

인간은 약합니다. 저도 겁이 많고 무서움을 잘 타며 가능하다면 제가 좋아하는 연구에만 몰두하고 싶습니다. 그러나 그래서는 어떤 연구도 과학자의 자기만족으로 끝나버립니다. 겁 많고 약해도 자신의 연구가 어떻게 이용되는지, 그것만은 눈을 부릅뜨고 본질을 꿰뚫어 보지 않으면 안 됩니다.

반전 의식이 싹트다

제가 나고야대학 학생이었던 시절부터 제 스승인 사카타 쇼이치 선생은 평화 문제와 원자폭탄·수소폭탄 금지를 위해 열심히 활동하셨고 저도 곁에서 도왔습니다. 성명서를 낼 때 등사판으로 인쇄한다든지, 봉투에 넣는다든지 하는 잡일이 우리들의 일이었습니다.

"공부뿐만 아니라 사회적인 문제도 생각하지 않으면 온전한 과학자가 아니다." 사카타 선생의 지론이었기 때문에 저는 조합 활동을 했고 평화 문제와 원자력 문제에도 제 나름대로 관심을 가져왔습니다.

어린 시절 강렬하게 전쟁을 겪었지만, 제가 반전을 생각하게 된 것은 중학생 시절부터였습니다. 한국전쟁을 겪는 동안 다시 전쟁을 의식하기 시작했습니다만, 그때까지는 아주 직접적인 내 일로는 느끼지 않았습니다.

전쟁을 분명히 인식한 것은 베트남 전쟁입니다. 저의 청춘 시대는 베트남 전쟁과 겹쳤습니다. 베트남을 점령했던 프랑스군이 패하여 철수하게 되었는데, 그사이에 1954년 휴전협정을 맺어 군사경계선을 북위 17도선으로 정했습니다. 그후 통일을 위해 선거를 실시해야 했었지만, 미국의 개입으로 CIA와 인연이 깊은 응오딘지엠Ngô Đình Diệm, 吳廷琰이 남베트남 제1대 총통이 되었습니다. 응오딘지엠 총통은 통일로 가는 남북 공동 선거를 연기했고, 비밀경찰과 군부를 동원하여 국내 공산주의자를 비롯한 반정부 분자, 말하자면 베트콩 사냥을 시작했습니다.

50년 가까이 된 오래된 기사이지만 지금도 선명하게 기억하는 신문 기사가 있습니다. 그 신문에는 미군 장교가 붙잡은 베트콩 병사의 얼굴을 잡아당긴 채로, 떨고 있는 그 병사를 피스톨로 아무렇지도 않게 쏴서 죽이는 사진이 실려 있었습니다. 아마도 연합통신(AP통신)의 사진이었겠지요.

아직 젊었던 저에게는 충격적인 사진이었습니다. 속으로 해도 너무한다고 생각하면서 미군의 행위에 화를 냈고, 베트남 반전 운동에 참가하게 되었습니다.

전쟁에서 죽이는 것도 죽는 것도 딱 질색

카를 폰 클라우제비츠Karl von Clausewitz라는 프로이센의 군사학자가 쓴 『전쟁론Von Kriege』은 전쟁의 본질을 설명한 고전으로 알려져 있습니다. 그 책에서 클라우제비츠는 전쟁이란 외교의 연장이라는 내용을 썼습니다. 그가 말한 대로 전쟁은 돌발적으로 일어나지 않습니다. 전 단계로 협상, 대화가 있습니다. 그 대화가 결렬된다든지 잘 진행되지 않았을 때에 폭력적으로 자국의 이익을 관철시키려고 합니다. 말하자면 전쟁이라는 것은 폭력적인 외교이고, 국가가 국가를 힘으로 제압하는 것입니다. 저는 그런 방식이 정말 싫습니다.

전쟁을 통하지 않는 해결의 길을 찾기 위해 외교 협상이 있는 것입니다. 협상이 결렬되어 두 나라에 전운이 감돌더라도 온 힘을 다해 전쟁만은 피해야 합니다. 그것이 인간의 이성理性이 해야 할 일입니다.

별 볼 일 없는 과학자이지만 저는 전쟁에 이용되고 싶지 않고 가담하고 싶지도 않습니다. 전쟁에서 죽는 것도 싫지만 더 싫은 것은 내가 죽이는 쪽이 되는 것입니다. 21세기인 지금 전쟁을 피하려는 인간의 이성은 점점 약해지고 있습니다. 그런 가운데 일본에서도 과학기술의 군사적인 이용을 점점 확대하려는 정치적인 조류가 생겨나 과학자의 동원이 교묘하게 추진되고 있습니다.

우리들은 지금 더욱 절실히 위기감을 갖지 않으면 안 됩니다.

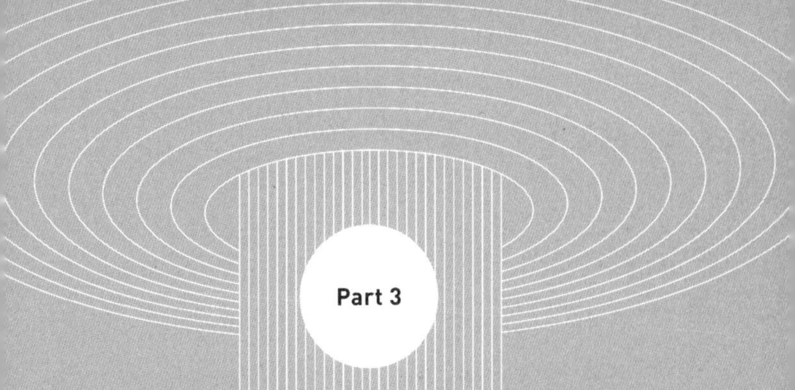

Part 3

'선택과 집중'에 희롱당한 현대 과학

인간의 손에서 멀어지는 거대 과학

전후 70년 과학은 비약적으로 진보했습니다. 동시에 군사 연구에도 이 과학이 도입돼 다양한 방식의 무기가 개발되고 있습니다. 그 실태가 어떠한지 제 나름대로 살펴보려고 합니다. 그 전에 과학과 사람들의 관계를 이야기해둘 필요가 있겠지요. 과학을 둘러싼 세계가 시대의 변화와 함께 급속하게 바뀌어가고 있다는 것을 여러분이 알아야 한다고 생각하기 때문입니다.

제가 어렸을 적에는 〈논, 구름을 타다ノンちゃん雲に乗る〉(1955년 개봉) 같은 영화를 보러 가면 영화가 상영되기 전 10분 정도 뉴스가 나왔습니다. 그 뉴스에는 수염을 기른 고고학자 노老교수가 조수 두세 명을 데리고 여유를 부리며 발굴 작업을 하는 장면이 있었습니다.

그런 모습을 이제는 볼 수 없습니다. 요즘 고고학은 체계를 갖추어서 그런 소규모 발굴 작업 같은 것은 거의 없습니다. 수백 명을 모아서 일렬로 늘어서서 '삐-' 하고 피리를 불면 작업을 시작해 무언가 발견했을 때 확인을 위해 다시 피리를 불면 작업을 중지합니다. 이렇게 고고학 분야는 돈도 사람도 조사 방법도 점점 더 규모가 커졌습니다.

과학 연구도 마찬가지입니다. 대규모 방식으로 데이터를 모으면 어떻게 하든 더 규모를 확대해야만 다음 연구를 진행할 수 있습니다. 그래서 필연적으로 과학이 거대해지지 않을 수 없습니다.

그렇게 되면 어떤 일이 벌어질까요. 거대해진 과학이 사람들의 생활에서 점점 더 멀어지는 것입니다. 옛날에는 TV의 뒷 커버를 떼어내면 안에 진공관이 들어 있었습니다. 우리 집에 있던 TV는 진공관이 17개였습니다. '17극極 TV'라고 불리던 것이었지요. 배선판도 배선도도 표시가 되어 있었던 덕분에 저 같은 라디오 소년은 그 구조를 대체로 알 수 있었습니다. 요즘 TV는 '1,000만 트랜지스터'입니다. 지금

TV가 부서졌다, 컴퓨터가 부서졌다고 해도 자기가 고칠 수 있는 사람이 있습니까? 가전제품 판매점에 가도 고칠 수 없고 전자공학과 교수라고 해도 수리가 불가능합니다. 잘 할 줄도 모르면서 건드렸다가는 망가져버립니다. 고칠 수 있는 사람은 그 제품을 만든 회사의 한정된 전문가뿐입니다. 과학이 사람들의 생활로부터 멀어져 원래보다 어려운 것이 되어버렸습니다.

이것을 저는 '과학 소외'라고 부릅니다. 과학을 이용하는 시장경제가 팽창하여 사람들은 그 성과를 누리고 있습니다. 하지만 그 과학의 유용성을 이해하는 사람이 팽창하고 있다고는 전혀 생각할 수 없습니다. 일반 시민은 과학으로부터 점점 더 멀어져가고만 있습니다.

과학자조차 연구의 전모를 알지 못한다

일반 시민뿐만이 아닙니다. 실은 과학자조차도 거대해진 과학의 가운데에서 연구가 분업화·세분화되어 자신이 하고 있는 연구가 도대체 어떤 목적인지 그 전모를 잘 알지 못하는 경우가 많습니다.

소립자 실험의 경우를 말하자면 1,000명 정도가 하나의 논문을 씁니다. 5쪽 정도의 짧은 논문에도 허풍이 아니라 정말 1,000명의 이름이 늘어서 있습니다.

제게도 재미있는 예화가 있습니다. 어느 날 독일의 한 마을에서 연구 그룹의 회의를 한다고 해서 그 회의에 참가하기 위해 독일로 갔습니다. 그 마을의 역 앞에서 만난 사람에게 회의 장소가 있는 곳으로 가는 길을 물었더니 이쪽이라고 해서 따라 걷기 시작했습니다. 가르쳐주는 것까지는 좋았는데, 어쩐지 시간이 지나도 그 사람은 계속 저와 함께 걷더군요. 그러는 사이에 그대로 회의장에 도착했습니다. 거기서 처음으로 그가 저와 같은 연구 그룹의 일원이고 논문 공동 집필자의 한 사람이라는 것을 알았습니다. 같은 그룹에서 같은 데이터로 논문을 쓰고 있는데도 서로 얼굴조차 몰랐던 것입니다. 이런 이야기를 자주 듣습니다.

가끔 해외에서 회의를 하지만 자신의 주제와 일이 정해지면 바로 고국으로 돌아가 그 일에 몰두합니다. 많은 작은 생명체들이 유기적으로 이어져 하나의 일을 해내는 것에 비유할 수 있겠지요. 그래서 그 가운데 하나의 생명체가 하고 있는 것만을 봐서는 전체 모습이 보이지 않습니다. 이런 경향은 다른 연구 분야에서도 일어나고 있습니다.

그러니까 과학의 블랙박스화가 진행되고 있다고 말해도 되겠지요. 과학만이 아닙니다. 21세기에 들어와서 우리 사회는 점점 더 블랙박스화가 되어 '누가 어떤 일을, 무엇을 위해' 하고 있는지 파악하기란 어려운 일입니다.

과학이 거대해져서 일반 사람들의 손에서 멀어지고, 연구자조차도 어디로 가는지 모르는 실정입니다. 이런 이면에는 거대한 자본이 움직이고 있습니다. 전후 과학계는 국가에 의한 강력한 과학기술정책의 추진과 더불어 큰 변화를 겪습니다. 하지만 무엇보다 눈에 띄는 것이 과학 연구에 대한 과거에 없던 산업자본의 투자와 그 결과의 상품화입니다.

말하자면 과학 정책 속에 시장 원리가 뿌리 깊게 자리잡은 것입니다. 그 때문에 순수한 과학 연구가 시장 원리에 좌우되고 연구자들이 머니 게임 속에서 희롱당하고 있는 것이 지금의 실태입니다.

과학의 세계에 뿌리내리는 '선택과 집중'

예를 들어 대학에서 연구를 할 때도 지금은 1년마다 단기로밖에 연구비가 나오지 않습니다. 어떤 연구 주제로 연구비를 얻으려고 하면 연구 계획을 내서 1년마다 중간보고를 제출하고 그 결과를 내지 않으면 돈이 나오지 않습니다.

옛날에는 정부에서 '강좌 연구비'라는 연구비 지원 정책이 있었습니다. '이 연구는 약간 모험적이지만 결과가 나온다면 매우 재미있어질 것'과 같은 불확실한 연구도 어느 정도 긴 기간을 갖고 해볼 수 있도록 연구비를 지원했습니다. 지금은 그런 연구를 할 수 없습니다. 실생활에 바로 도움이 되는 결과를 짧은 기간에 요구하기 때문입니다.

학내 분위기를 봐도 젊은 연구자들이 여유 없이 그렇게 한 가지 일에만 몰두해야 하는 환경 속에서 일을 하고 있음을 느낄 수 있습니다. 짧은 시간 안에 결과를 요구하는 성과주의 속에서 진행되는 연구는 그다지 로맨틱하지도 않고, 호기심을 돋우는 모험심도 느낄 수 없습니다.

시장 원리의 철칙은 '선택과 집중'입니다. 온 사방에 돈을 뿌리는 것이 아니라 돈이 될 것 같은 곳을 콕 집어서 자금을 집중시킵니다. 일정 기간 돈을 넣어보고 안 되겠다고 판단하면 바로 자금을 거둡니다. 거둔 뒤의 일은 알 바 아닙니다. 그리고 광맥鑛脈이 있을 만한 다른 곳에 자금을 투하합니다. 그렇게 해서 커다란 이익을 거두는 것이 '선택과 집중'의 구조입니다.

과학계도 점점 이런 '선택과 집중' 쪽으로 나아가고 있습니다. 큰 이익을 얻을 수 있을 것 같은 분야에는 많은 돈이 투입되고, 평범하고 돈을 벌 것 같지 않은 분야에는 자금을 배분하지 않는 구조가 고착화되어가고 있습니다. 각 분야 연구에서 어떻게 연구 자금을 확보하는가 하는 것이야말로 연구 자체의 사활이 걸린 문제이기도 합니다.

그러나 과학 분야에서 아무리 '선택과 집중'을 하려고 해도 어떤 연구가 성공해 큰 이익을 거둘지를 누가 미리 알 수 있을까요. 나고야대학에서 아카사키 이사무赤崎勇나 아마노 히로시天野浩 씨의 '청색LED' 발명은 묵묵한 노력과 1,500차례 이상 거듭한 실험 실패를 바탕으로 보기 좋게 꽃을 피운 것입니다.

그 위업으로 노벨상을 수상했기 때문에 다들 떠들썩했지만, 실험이 성공하기까지는 거의 아무도 흥미를 갖지 않았던 작은 연구였습니다. 연구 자금이 넉넉했을 리도 없었겠지요. 힘든 가운데 연구 자금을 아껴가며 끈질기게 연구를 계속해온 결과였습니다.

이대로 과학계에서 더욱 '선택과 집중'이 계속된다면, 인기 있는 분야에만 자금과 인재가 몰릴 것이고 평범하면서 힘이 드는 작은 연구는 외면당하겠지요. 그러면 도대체 무엇이 남을까요.

사람들이 '선택과 집중'이라는 이름 아래 과학을 추구하면 할수록 우리들은 과학 본래의 모습에서 점점 멀어질 수밖에 없습니다.

STAP 세포 문제의 뿌리에 있는 정치와 돈

STAP 세포•와 논문 부정 문제 또는 발명 기술을 놓고

• STAP 세포는 유전적 조작이나 외부로부터의 단백질 주입 등이 없이 외부로부터의 자극을 통해 분화 다능성pluripotency를 갖게 된 세포를 말한다. 이는 기존 생명과학 상식을 뒤집는 혁신적인 성과로 기대를 모았지만, 일본 이화학연구소가 STAP 논문 조작·날조를 인정하고 논문을 철회하면서 헛소동으로 마무리되었다.

벌어진 특허 소송 등 최근 수년간 과학을 둘러싼 상황이 어수선합니다. 이런 사건이나 소송도 과학 정책의 '선택과 집중'이 만들어낸 정치와 돈의 문제라고 생각합니다. 엄청난 액수의 돈이 얽혀 있기 때문에 큰 사건으로 확대된 것 같습니다.

STAP 세포 사건에서 언론은 오보카타 하루코小保方晴子 씨의 부정만 다루었습니다. 하지만 젊은 연구자가 다소 눈에 띄는 논문을 썼다든지, 실험 결과를 가공하는 일은 과학계에서는 얼마든지 일어나는 이야기입니다. 그러나 이런 부정을 제대로 판정하는 제도가 있기 때문에 심사 단계에서 제외되고, 도태합니다. 자동적으로 사라집니다.

그러나 일본에서도 유수의 연구기관인 이화학연구소의 최고 책임자가 그 도태되어 마땅한 논문을 연구소 예산을 따내는 데 이용하려 대대적으로 추켜올려버린 것이지요. 말하자면 '이화학연구소'라는 아주 폐쇄적인 환경 속에서 그녀는 예산을 따오는 정치적인 도구로 사용되었던 것입니다. 그 탓에 STAP 세포 사건은 연구의 단계를 벗어났고 연구소 최고책임자의 정치적인 움직임과 목적에 떠밀려 자살

하는 사람까지 나와버렸습니다. 모두 돈이 연관된 정치가 일으킨 사건이라고 저는 생각합니다.

이 사건의 뿌리에는 '과학에는 돈이 필요하다'라는 시스템이 있습니다. 소립자론 등 제가 하고 있는 연구 자체는 이론이기 때문에 거의 돈이 들지 않습니다. 그러나 그것을 검증하기 위해 실험하는 연구 그룹이 쓰는 돈은 그 자체로 국가 예산에 영향을 줄 만큼 막대한 금액입니다.

예를 들어 우리는 소립자 이론을 검증하기 위해 야마노테山手 선•과 같은 정도 크기의 터널을 지하 100미터까지 파서 그 안에서 입자와 반입자를 빛에 가까운 속도로 충돌시키는 장치를 만들어 실험을 하고 있습니다. 그런 장치에 도대체 얼마가 들까요. '0'이 끝도 없이 이어질 것 같습니다. 다만 거기서 연구 내용을 조작해 예산을 더 따낼 수 없을까 하는 부정은 일절 불가능합니다. 검증 실험에 예산을 집행하려면 이론 단계에서 1,000명 정도의 사람이 참여해 연구 내용을 정밀 조사하기 때문에 시작부터 속임수를 쓸 수 없습니다.

STAP 세포 사건은 그것을 왜곡해 돈을 가져오는 정치

• JR히가시니혼JR東日本에서 운영하는 일본 도쿄의 도심과 부도심 사이를 운행하는 순환철도.

적인 술수에 과학을 사용하려 한 것이지 않을까요. 과학 연구가 시장 원리에 휩쓸려 이익 추구라는 '성과'에만 사람들의 관심이 집중되고 있습니다. 이런 현대 사회 체제야말로 뿌리 깊은 문제입니다.

어떤 분야의 과학 개발이 경제적으로 엄청난 이익을 낳는 경우가 있습니다. 발명이든 특허든 '돈이 된다'라고 알려지면 그것으로 돈을 벌려는 사람들이 생기는 것은 당연하겠지요. 저는 그것을 나무라고 싶지는 않습니다. 원하는 대로 돈을 벌어도 된다고 생각합니다.

하지만 많은 연구자들이 지금 하는 연구가 미래에 이익을 낳을지 아닐지 모르는 채로 일하고 있습니다. 학문이란 원래 그런 것이고 시장의 의도와는 거리를 두고 봐야 하는 것이기 때문입니다.

과학의 성과는 공개해야

그러나 현대 사회에서는 돈을 둘러싼 특허 소송 같은 것이 끊이지 않습니다. 청색LED 연구 개발에서 아카사키 이사무, 아마노 히로시 두 사람과 공동으로 2012년 노벨 물리학상을 받은 나카무라 슈지中村修二 씨와 니치아日亞화학공업과의 특허 소송 재판도 언론을 떠들썩하게 만든 사건입니다.•

왜 연구자가 수백억 엔의 보수를 바라는 것일까. 저는 괴상한 욕망을 가진 둘이 맞부딪친 희극이라고 생각합니다. 조금만 생각해도 알 만한 것이지요. 과학자에게 자신들의 연구 비용을 전부 자기가 부담하라고 하면 참으로 곤란합니다. 우리들은 논문을 쓰기 위해 다양한 데이터를 사용합니다. 그때 이 데이터를 얻기까지 수백억 엔이 들었기 때문에 몇 퍼센트의 돈을 내라고 한다면 두 손 들 수밖에 없습니다. 연구자가 그런 것을 생각하지 않고 작업할 수 있도록 국가가 비용을 부담하는 것입니다. 그것은 기업의 연구 개발도 마찬가지입니다.

• 청색LED는 니치아화학공업에 근무했던 당시 나카무라 슈지가 발명했다. 니치아화학공업은 개발자에게 2만 엔의 포상금과 과장 승진을 포상했다. 이에 나카무라 슈지는 니치아화학공업의 포상에 불만을 품고 특허를 받을 권리의 귀속과 귀속이 인정되지 않을 경우, 상응하는 대가의 지급하라는 소송을 냈다. 이 소송은 2005년 니치아화학공업이 나카무라 슈지에게 8억 4,000만 엔을 지급하는 것으로 최종 판결이 났다. 이는 일본 회사가 개인에게 지급한 가장 큰 금액이다.

청색LED 제품화 기술의 경우도 성공한 순간만 생각한다면 "내가 해냈어"라고 자랑스럽게 말할 수 있겠지만 그럼 실패했을 때의 책임은 누가 지는 것인가요. 이런 면까지 고려한다면 성공한 연구가 오롯이 나의 발명이라고 말할 수 없겠지요.

뭐라 해도 이런 특허가 돈벌이와 직결되어버린 것이 문제입니다. 도움 되는 물건을 발명해 돈을 버는 것은 좋은 일이지만, 실패했을 때 누가 그것을 보상해주는가 하는 데까지 충분히 생각해 객관적인 보상 제도를 만드는 것이 필요합니다.

시대에 역행하는 것 같지만 저는 과학의 성과를 가능하면 공개해야 한다고 생각합니다. 특허 문제도 큰돈이 걸려 있기 때문에 이권 싸움이나 연구 성과 차지하기 위한 다툼이 끊이지 않습니다. 2010년에 노벨 화학상을 받은 스즈키 아키라鈴木章, 네기시 에이이치根岸英一 두 사람은 노벨상을 안겨준 연구인 '커플링 기술'•에 특허 신청을 하지 않았습니다. 많은 사람들에게 그 기술을 개방하려는 의도였겠지

• '스즈키 반응'이라고도 불리는 커플링 기술은 유기화합물 합성과정에서 탄소-탄소 결합과정에 팔라듐을 촉매로 하는 반응을 말한다. 이전의 유기화합물 합성과정보다 아주 효율이 좋아서 간편하게 탄소-탄소 결합을 만들 수 있다.

요. 참으로 과학자답고 존경할 만한 자세입니다.

스즈키와 네기시 덕분에 많은 사람이 그 기술을 사용해 은혜를 입었습니다. 과학이라는 것은 원래 그런 것이고 그 은혜를 받은 자손이 거기서 더욱 발전해나갈 수 있습니다.

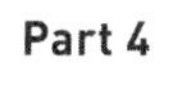

군사 연구의 현재

일본에서도 확대되는
군학 협동

가속화되는 군학 협동, 산학 협동

돈이 나올 것 같은 분야에서만 사람들이 일을 한다든가 아니면 돈이 될 것 같은 발명이나 특허에 사람이 몰립니다. 이런 상업주의에 휩쓸린 과학 연구는 국가 정책의 한 방편인 군사 연구에도 이용되기 쉽다는 것도 잊어서는 안 됩니다.

지금은 다양한 분야에서 연구자들이 예산을 따내기 위해 필사적입니다. 그런 흐름을 타고 일본에서도 군사 연구가 눈에 띄게 되었습니다. 전후 일본에서도 전쟁에 과학자가 동원된 것을 반성해 1949년에 일본학술회의를 설립했습니다. 일본학술회의는 1950년에 총회 의결로 '전쟁을 목적으로 하는 과학 연구에는 절대 따르지 않는다'라는 결의를 표명했습니다. 그러나 회의에 출석한 사카타 쇼이치 선생에 따르면 그 자리에 출석한 과학자들이 모두 그 선언에 찬성한 것은 아닙니다. "국가가 전쟁을 시작하면 국민인 과학자가 거기에 협력하는 것은 당연한 것이고 전쟁이 끝난 지금 과거를 운운하는 것은 오히려 안 좋은 것 아니냐"라는 의견도 있었다고 합니다.

이런 의견은 이 회의 설립 당시부터 있었습니다. 겉으로는 평화를 표방하면서도 전쟁을 치른 어느 나라의 과학자든 전쟁에 협력했기 때문에 일본만 침략 전쟁을 반성하는 것도 이상한 일이라고 공언하는 사람도 많았다고 합니다. 사카타 선생은 이래서는 일본이 다시 이성을 후퇴시키는 날이 올 것이라며 일본 과학의 발전에 불안을 품곤 했습니다.

그러나 '전쟁을 목적으로 하는 과학 연구에는 절대 따르지 않는다'라는 학술회의의 선언도 과학이 거대해지고 블랙박스화되면서 점차 색이 바래져갔습니다.

전후 여러 선진국에서는 국방을 위해 군사 연구소를 만들어 군사 연구를 전문으로 하는 연구자 고용 시스템을 완비했습니다. 이런 군사 연구소에서 신무기 개발이나 생산을 진행했습니다. 전 세계에는 이런 연구에 종사하는 과학자가 수십 만 명이 있습니다. 물론 일본도 예외가 아닙니다.

이런 군사 연구 예산은 국가가 내고 있습니다. 하지만 군사 기술의 개발은 이런 전문기관만이 하는 것은 아닙니다. 다른 목적으로 개발된 기술이라도 그것을 군사적으로 이용할 수 있다고 판단하면 군사 연구소는 그런 민간기술을 하나둘 흡수합니다. 말하자면 군사 기술로 개발이 가능한 기술을 대학이나 민간 기업에서 발굴해내 풍부한 자금을 지원해 공동 연구해가는 정책입니다.

그러므로 마치 프로 야구에서 스카우트를 하듯 여러 민간이나 대학에서 진행하는 연구를 조사해 군사 부문에 사용할 만한 프로젝트가 있으면 "자금을 제공하겠소"라고 제안합니다. 과학계에 뿌리내린 '선택과 집중' 탓으로 예산이 큰 폭으로 줄어든 대학이나 민간 연구시설에게 이런 연구 자금 제공은 매우 매력적인 것입니다. 국가 정책이라며 방위성防衛省•에서 낸 돈이라 하더라도 연구만 계속될 수 있다면 어쩔 수 없다며 그 유혹을 받아들이는 대학이나 연구기관이 적지 않겠지요.

일본에서도 군사 부문을 전문으로 연구하는 방위성 기

• 일본의 행정기관이다. 자위대까지 포함하면 일본 정부 최대의 조직으로 일본 내 국가 공무원 급여의 40퍼센트를 차지할 정도로 큰 조직이다.

술연구본부技術研究本部, Technical Research&Development Institute, TRID라는 기관이 있습니다. 이 조직은 열성적으로 각 대학이나 민간연구기관과 정보 교환을 합니다. 최신 정보 보안 분야라든지, 무인소형기, 로봇 기술, 수중 무인탐사기, 헬리콥터나 차량 엔진 개발 등 참으로 다양한 분야에 걸쳐 있는 다양한 기술들입니다. 말 그대로 '군학軍學 협동', '산학産學 협동' 체제가 확대되고 있는 것입니다. 물론 이런 기술을 국방에 이용하기 위한 자금에 편성된 방위성 예산은 매년 늘고 있습니다.

대학이나 민간 연구자를 활용하는 것은 전쟁 전이나 전쟁 중에 강제적으로 과학자를 동원하는 것과는 다릅니다만 자금 지원이라는 먹이로 연구자를 낚는 것은 어떤 의미에서 간접적인 동원이라고 말할 수 있지 않을까요. 그런 상황을 매우 우려하고 있습니다.

풍족한 자금이 부패를 낳는다

사카타 선생은 유카타 히데키湯川秀樹, 도모나가 신이치

로朝永振一郎와 같이 쓴 『평화 시대를 창조하기 위해 과학자는 외친다平和時代を創造するために 科学者は訴える』에서 영국 물리학자 존 데스먼드 버날John Desmond Bernal의 말을 인용하고 있습니다. "자본주의 국가에서 과학자는 더 이상 자유직업이 아니다. 정부나 독점자본의 일을 하는 사람에 불과하다. 과학의 성과가 어디에 사용되는가는 과학자의 의도와는 관계없이 정부와 독점자본의 의지에 따라 결정된다." 그런 일을 크게 우려했던 버날은 과학자가 정부와 독점자본의 일을 하는 사람이 되지 않기 위해 조직을 만들지 않으면 안 된다고 했습니다. 그리고 지금 버날이 말한 대로 군학 협동, 산학 협동은 과학자 개인의 힘으로는 어떻게 할 수 없는 곳까지 와버렸습니다.

다만 제 개인적인 생각으로는 그런 군사 연구에 이용된 대학이나 연구실에서는 뛰어난 연구자가 나오지 않습니다. 자금이 모인 곳에 우수한 인재가 모인다는 것도 환상에 불과합니다. 저는 배가 고파야 좋은 연구도 할 수 있다고 생각합니다. 연구자는 가난하면 가난할수록 여러 궁리를 해서 좋은 연구를 만들어냅니다. 대놓고 이런 말을 하면 "현실은 그렇지 않아"라고 반발하겠지만 저는 옛날식 과학자이기 때문에 이런 생각이 꽤나 확고합니다.

오히려 풍족한 자금을 조달할 수 있는 연구기관일수록 부패나 부정을 낳습니다. STAP 세포 사건도 그런 가운데 일어난 사건입니다. 그런 나쁜 사례가 꼬리를 무는 지금, 일본의 과학자들이 한 번 더 초심으로 돌아갔으면 하는 바람이 간절합니다.

전쟁의 위기를 부추기는 군수 산업

과학을 둘러싼 세상이 정치와 돈으로 움직인다는 이야기를 했습니다. 이제 그 사이를 참 머리 좋게 돌아다니며 사업을 벌이고 있다는 군수 산업에 대해 이야기해보겠습니다. 군수 산업이란 전쟁에서 무기나 장비를 팔아서 돈을 버는 것이라고 흔히 생각합니다. 하지만 군수 산업은 특별히 전쟁 같은 것이 일어나지 않아도 돈을 법니다.

국제 정세를 보면 중동이나 유럽 등 여기저기에서 테러

나 분쟁이 발발해 언제 자국自國에 불똥이 튈지 알 수 없는 상황입니다. 이런 상황이 군수 산업에게는 가장 좋습니다. 위기감을 부추기면 여러 나라에 무기와 방위를 위한 장비를 얼마든지 팔 수 있기 때문입니다. "위험합니다", "저 나라가 공격해옵니다"라고 속삭여서, "이 정도 장비를 갖지 않으면 안심할 수 없습니다"라고 장사를 하는 겁니다.

군수 산업 관계자가 일본의 위기감을 부추기는 데에 가장 효과적인 곳이 동아시아 정세 불안이겠지요. 북한의 위협이나 센카쿠尖閣 제도를 둘러싼 중국과의 공방, 동중국해 스프래틀리제도Spratly Islands(남사군도南沙群島)를 둘러싼 각국의 영유권 문제 등 일본 정부에 위기감을 부추길 재료는 얼마든지 있습니다. 관계자들은 로비 활동을 통해 일본의 지도자들에게 이런 불안 요소를 교묘하게 주입합니다. 그런 사업에 자꾸 가담하면서 국가 예산 가운데 방위비가 점점 더 불어나는 측면도 있습니다.

게다가 현대 무기는 컴퓨터 덩어리 같아서 전투기 한 대에 수백억 엔에 달합니다. 굉장히 비쌉니다. 일본이 구입을 결정한 오스프리만 보더라도 총 액수는 3,000억 엔 이상이라고 합니다. 그런 것을 구입해서 어쩌려는 걸까요. 오스프리는 미국이 개발한 신형 수송기입니다. 전투기보다 속도는 떨어지지만 시속 500킬로미터로 대량의 수송도 가능하다고 선전합니다. 그러나 언론의 보도를 보면 오스프리의 사고가 잦다고 하니 결코 이용하기 쉬워 보이진 않습니다. 잔소리처럼 들릴지 모르지만 신속하게 방향 전환도 하기 힘든 괴물 헬리콥터를 자위대•는 어떻게 사용하겠다는 걸까요.

전쟁을 하지 않더라도 일본 방위성은 국가 예산으로 고가의 현대 무기를 점점 더 많이 구입하고 있습니다. 군비라는 것은 '이것만 있으면 안심해도 된다'라는 한도가 없기 때문에 필요하다고 생각하면 얼마든지 늘릴 수 있습니다. 끝이 없는 겁니다. 일본처럼 "만일의 상황에 대비해서"라는 위기감을 갖고 있는 경제 대국은 군수 산업에 딱 맞는 손님입니다.

무기 연구는 창과 방패

오랜 옛날부터 인류는 전쟁을 해왔습니다. 그래서 어느

• 1954년 일본의 치안유지를 위해 창설한 조직이다. 아시아 최강을 자랑할 정도로 막강한 전력을 가진 일본의 실질적인 군대로서, 2014년 기준 총 24만 8,000여 명의 병력을 보유하고 있다.

시대든 국가 정책의 중심에는 더 강력한 무기 개발이 있었습니다. 뛰어난 신무기를 개발할 수 있다면 자기방어는 물론이고 타국을 침략할 때에도 큰 이점이 있기 때문입니다.

그러나 각국이 경쟁적으로 무기를 연구·개발 한다고 해도 모두가 깜짝 놀랄 만한 새로운 발명을 목표로 하는 것은 아닙니다. 군사 과학자들도 한결같이 '자국을 강하게 만들기 위해 아주 강한 전차를 만들겠다'라는 생각을 갖고 연구하지는 않습니다. 수요가 있기 때문에 연구를 하는 겁니다.

무기 개발의 본질은 말하자면 '상호 경쟁'입니다. 무기 연구라는 것은 창과 방패 같은 것이고 아주 흔하고 현실적인 것입니다. 상대방에게 어떤 방패가 있는데 어떤 창으로 그 방패를 뚫을 수 있을까, 또는 상대방에게 어떤 창이 있다면 어떤 방패를 만들면 그 창을 막을 수 있을까처럼, 무기 연구는 '상호 경쟁'이고 그런 수요가 있기 때문에 연구도 있는 것입니다.

전차나 장갑차와 포탄 연구 등은 바로 그런 전형입니다. 장갑차를 관통할 수 있는 새로운 포탄이 개발된다면 이번에는 그 포탄에 뚫리지 않는 전차 개발이 시작됩니다. 그러니까 시간이 아무리 지나도 쳇바퀴는 무한히 돌아갑니다.

"무기 제로를 목표로 한다"라고 말하는 제가 이런 이야기를 하면 야단맞을 듯하지만 이런 쳇바퀴 돌기의 과정은 참으로 흥미롭기도 합니다. '박격포에 견디는 장갑차를 만들었구나', '차량 몸체의 고강도 강판에 세라믹 패널을 샌드위치 방식으로 끼워 넣어서 방어력을 강화했구나. 그렇군 좋은 아이디어네'라며 때로는 감동하기도 합니다. 무기 개발이 과학자의 순수한 호기심을 자극하는 것은 분명합니다.

그러나 그렇더라도 군사 연구를 긍정하자는 것은 아닙니다. 군사 연구만이 아니라 과학은 기본적으로 창과 방패의 관계로 발전했습니다. 포탄과 장갑차의 관계는 건축학에서 건물의 강도를 연구하는 것과 크게 다르지 않습니다. 10층 건물을 지을 수 있어야 20층, 30층, 60층 건물을 지을 수 있습니다. 이와 같은 강도 설계의 발전도 창과 방패의 상호 경쟁과 비슷한 메커니즘으로 연구자가 생각해내는 것입니다. 그러므로 과학기술의 관점에서 본다면 군사, 의학, 건축 할 것 없이 발전해가는 방식은 같습니다. 군사 연구의 창과 방패 경쟁은 분명히 인간의 투쟁 본능을 자극하는 것입니다. 따라서 그것을 평화적인 이용 쪽으로 바꾼다면 커다란 사회 진보가 가능할 것입니다.

민간에도 군대에도 쓸 수 있는 '듀얼 유스' 문제

스승인 사카타 선생은 늘 "과학적인 성과는 평화에 이바지하지 않으면 안 된다"라고 말했습니다. 저도 동감합니다. 그러나 현대 과학을 보면 그렇게 단순하게 구분할 수 없는 경우도 있습니다.

과학의 군사적인 이용을 생각할 때, 연구자들이 고민하는 부분이 바로 민간에도 군대에도 사용 가능한 '듀얼 유스 dual uses' 문제입니다. 과학과 기술의 성과는 사람들의 생활에도 도움이 되고 군대에도 이용 가능하다는 양면성을 가집니다. 이것이 고민에 빠지는 이유입니다.

로봇 개발의 경우 고령화 사회에 도움이 되는 간병 로봇 개발도 있지만 무기로 사용 가능한 로봇 개발도 생각할 수 있습니다. 무인항공기, 드론도 사람이 들어갈 수 없는 재난 지역의 상황을 조사하는 중요한 역할을 할 수 있지만 소형 폭탄을 탑재하면 테러에도 이용될 수 있습니다. 2015년 4월에 일본 총리 관저에 드론이 떨어졌을 때 큰 소동이 났던 것도 이 때문입니다.

마찬가지로 일본우주항공연구개발기구JAXA가 개발한 소행성 탐사기 '하야부사Hayabusa'가 많은 사람을 감동시켰지만, 원격 조작 가능한 무인탐사기를 군사적으로도 얼마든지 이용할 수 있다는 것은 굳이 과학자가 아니라도 생각할 수 있습니다.

영화나 드라마에 최근 자주 등장하는 것 중에 감시카메라가 주행 중인 차량의 번호판을 읽어 조회해주는 'N시스템'이 있습니다. 이런 기술도 범죄 예방이라는 대의명분이 있습니다만, 저는 매우 두려운 방식으로 사용 가능한 감시 시스템이라고 생각합니다. 알려진 대로 운전자의 얼굴까지 뚜렷이 식별할 수 있다면 정부가 요주의 인물로 보는 사람의 행동도 손쉽게 파악해서 추적할 수 있겠지요. 물론 이 'N시스템'은 군사적인 정찰·감시 시스템으로서도 중요한 역할을 할 겁니다.

듀얼 유스 문제는 이미 오래전부터 있었습니다. 이런 이야기를 예로 들어보겠습니다. 수십 년 전 일본의 빌딩가에서 TV 전파가 건물에 반사돼 화면이 흔들리는 고스트 현상이 발생했습니다. 그때 어떤 페인트회사에 일하던 과학자가 '페라이트ferrite'라는 산화철을 주성분으로 하는 세라믹이 들어간 도료를 개발했습니다. 페라이트에는 강력한 자력이 있어서 페라이트가 포함된 도료를 빌딩 벽면에 바르면 전파를 흡수해서 고스트 현상을 막을 수 있습니다. 획기적인 개발이었습니다. 그러나 10년 뒤 그 도료가 미군 스텔스 전투기에 사용되었다는 것이 이후에 밝혀졌습니다. 이른바 '보이지 않는 전투기'입니다. 적의 레이더에 걸리지 않는 놀랄 만한 무기입니다.

물론 그 과학자는 "자신은 그럴 생각으로 이 도료를 개발한 것이 아니다"라고 말할 것입니다. 그의 입장에서 본다면 사람들이 전파 방해를 받지 않고 편하게 TV를 볼 수 있게 되었다는 것, 또는 빌딩 건축 기술의 측면에서도 획기적인 발명을 했다는 자부심마저 있겠지요. 자신의 개발이 무기에 사용될 것이라는 건 꿈에도 생각하지 못했을 겁니다.

이런 사례는 얼마든지 있습니다. 의학이나 화학 분야에서도 병을 고치고 전염병 유행을 막기 위한 연구 개발이 세균 무기나 화학 무기에 적용되어 테러리스트가 노리는 경우도 있을 수 있습니다.

그러나 조금이라도 그럴 가능성이 있다고 해서 그 연구를 못 하도록 막는다면 사람들의 생활에 이바지하는 기술 개발조차 할 수 없게 됩니다. 듀얼 유스 문제는 이미 우리 생활과 밀접하게 연관돼 있어 딱 잘라 이야기할 수 없는 매우 복잡한 상황을 야기합니다.

"도쿄대학, 군사 연구 금지 해제"의 충격

그렇게 듀얼 유스가 문제가 되는 가운데 '도쿄대학, 군사 연구 금지 해제'라는 충격적인 기사가 신문에 실렸습니다. 2015년 1월 16일자 산케이産經신문 1면 머리기사입니다. 이어 다음 날 도쿄신문에도 '도쿄대학, 군사 연구 일부 허용'이라는 기사가 역시 1면에 실렸습니다.

이 보도에 따르면 도쿄대학에서는 1956년과 1967년에 평의회에서 군사 연구는 무엇이든 모두 금지한다는 방침을 정했었습니다. 그럼에도 불구하고 2014년 12월에 도쿄대학원 정보이공학계 연구과가 가이드라인을 변경해 '예외 없는 군사 연구 금지'를 '군사·평화 이용의 양면성을 충분히 감안해 개별 연구를 진행한다'라는 문구로 바꾸었다는 겁니다. 도쿄신문에는 '도쿄대학의 연구 성과에 대해 듀얼 유스(군사·평화 이용) 문제가 발생할 가능성이 높아지고 있다. 개별 상황에서 적절한 방식으로 차분하게 논의해 대응하는 것이 필요'하다는 학장의 코멘트도 실렸습니다. '성과를 공개할 수 없는 높은 기밀을 요하는 군사 목적의 연구는 하지 않는다'라는 제동 장치가 있긴 하지만 듀얼 유스 허용 방침이 다른 대학에도 영향을 주지 않을까 우려하는 전문가의 말도 기사에 등장합니다.

산케이신문은 매년 정부에서 800억 엔의 교부금을 받는 도쿄대학의 운영 방침 변경이 대학을 군사 연구에 효과적으로 활용하는 것을 목표로 하는 국가안전보장전략에 따른 2013년 12월 아베 신조安倍晋三 내각의 각의 결정에 바탕을

둔 것이라고 해석했습니다. 국가안전보장전략 가운데 과학 기술에 관한 동향을 늘 파악할 필요가 있다고 지적하면서 '기업과 대학, 정부의 힘을 결집시켜 안전보장 분야에서도 효과적으로 활용하도록 노력한다'라고 대학과 협력 관계 구축이 명기되어 있어서 도쿄대학이 그 방침에 따랐다는 것입니다.

도쿄대학이 군사 연구 중심 대학으로 변경되기라도 한 것 같은 이런 보도에 당황한 총장은 바로 그날 '도쿄대학의 군사 연구 금지에 대해서'라는 해명 자료를 내 "군사 연구 금지 방침 자체에 변경은 없다"라고 말했습니다. 그렇지만 듀얼 유스 문제와 관련해서는 "이런저런 상황에서 적절한 듀얼 유스의 방식을 차분하게 논의해 대응하는 것이 필요"하다는 모호한 표현은 그대로였습니다.

도쿄대학의 군사 연구 금지 해제 소동도 듀얼 유스 문제와 연관된 것이라 생각합니다. 신문 보도처럼 도쿄대학 연구자가 나서서 군사 연구를 하겠다는 것은 아닐 것입니다. 어떤 의미에서는 연구의 자유를 확보하려다 보니 이런 사태로 발전해버린 것일 수도 있겠지요.

대학 측이 안고 있는 딜레마는 짐작이 갑니다. 듀얼 유스와 관련해서는 세상의 흐름이 너무 빨라서 어떤 연구를 하더라도 군사 이용 규정에 걸려버리는 것입니다. 예를 들어 평화 목적으로 민간에 도움이 되는 상품을 개발해도 그것을 수출하려고 하면 사용하기에 따라 군사적으로 이용될 가능성이 있다고 판단할 경우, 그 규정의 그물에 걸려 수출이 금지됩니다. 그만큼 다양한 연구, 기술, 상품이 군사적으로 사용될 가능성이 높아진 것입니다. 그렇게 되면 '군사 연구 일절 금지'라는 규칙이 장애가 되어 사회에 도움 되는 것이라 하더라도 듀얼 유스의 가능성을 감안할 경우 연구 자체가 어려워질 수 있습니다.

도쿄대학으로서는 그런 원칙이 자승자박이 되어 자유롭게 연구를 할 수 없는 현실을 어떻게든 타계하고자 듀얼 유스가 가능한 기술을 군사 이용이라고 단정하지 않고 더 공개적으로 검토하는 것이 좋지 않을까 생각했을 것입니다.

도쿄대학뿐만 아니라 다른 대학이나 민간 연구기관도 듀얼 유스 문제와 관련해 과학기술의 군사적인 이용만 금지하는 것은 이미 원천적으로 불가능해졌습니다. 스텔스 전투기의 페라이트처럼 평화적으로 이용하려고 만든 기술이 생각지도 않게 군사적으로 이용되는 일이 적지 않습니다. 그렇다고 해서 듀얼 유스가 가능한 연구를 전면 금지한다면 과학기술의 혁신을 시도하려는 연구자도 사라져버리겠지요. 이것이 지금 과학기술의 딜레마입니다.

'군사 연구를 하지 않겠다'라고 맹세한 나고야대학의 평화 헌장

제가 있는 나고야대학에는 '평화 헌장'이 있습니다. 이 평화 헌장은 1980년대 초 아직 세계가 냉전의 한가운데에 있을 때 나고야대학의 학생과 교원들이 평화라는 것은 무엇인가, 전쟁은 무엇인가를 몇 년에 걸쳐 뜨겁게 토론한 끝에 1987년 제정한 맹세입니다.

이 헌장에는 특히 "전쟁 수행에 가담하는 잘못을 두 번 다시 반복하지 않는다", "어떤 이유라도 전쟁을 목적으로 하는 학문 연구와 교육을 따르지 않는다"라는 문구가 강조되어 있습니다. "그를 위해 국내외를 불문하고 군 관계 기관과 그 기관에 소속된 사람과 공동 연구하지 않고 그런 기관으로부터 연구 자금을 받지 않는다. 또 군 관계 기관에 소속된 사람의 교육을 하지 않는다"라고 밝혔습니다.

이 평화 헌장이 상징하는 것처럼 학문의 자유는 그 누구에게도 뺏기지 않는다는 나고야대학의 기풍은 저의 스승 사카타 쇼이치 선생을 중심으로 그 토대가 만들어졌습니다.

전쟁의 끝 무렵 나고야대학이 공습을 받은 뒤 물리학교실의 교수와 학생들은 나가노현長野縣으로 소개疏開되어 초등학교와 민가를 빌려 연구를 이어갔습니다. 거기서 사카타 선생이 열심히 읽었던 책이 민주적인 연구 체제의 필요성을 설명한 버날의 『과학의 사회적 기능The social function of science』이었습니다.

전후 사카타 선생은 물리학교실에서 자기반성을 담아 학생들에게 이렇게 말했습니다.

"전쟁을 더욱더 비참하게 만든 원인 중 하나가 과학의 진보라는 것은 부정할 수 없다. 연구 조직의 봉건성을 없애고 온 힘을 다해 민주적으로 재건하는 것은 우리들의 사회적 책임이다." 그리고 그 이념을 실현하기 위해 1946년 나고야대학 물리학교실에서 제정한 것이 '물리학교실 헌장'입니다. 그 서두에서 사카타 선생은 "물리학교실의 운영은 민주주의의 원칙에 기초한다"라고 힘주어 선언했습니다.

학문도 평화도 같은 지평에 있다

저는 사카타 선생의 소립자이론에 반해서 나고야대학에 들어갔는데, 들어가자마자 사카타 선생이 이끄는 E연(소립자론 연구실)의 자유로운 분위기에 눈이 휘둥그래진 적이 있습니다. '토론은 자유롭게, 연구실에서는 모두 평등하다'라는 말이 그대로 실천되고 있었기 때문입니다.

일반적으로 연구실에서 업적 평가의 중심은 논문입니다. 저는 그 당시부터 논문을 쓰는 것이 정말 싫었습니다. 그보다는 모르는 것을 머릿속으로 생각해서 이론을 만들어내는 일이 더 좋았습니다. 논문을 쓰면 한 사람 몫을 해냈다는 생각에 거기서 사고가 중단되어버립니다. 그러지 않고 더욱더 길게 생각하고 싶었습니다. 지금도 그런 성격은 조금도 바뀌지 않았습니다. 당시의 친구와 만나면 "마스카와는 논문 하나 쓰지 않으면서 잘난 척했다"라고 놀림을 받기도 하지만, 사카타 선생의 연구실에서는 논문을 쓰지 않아서 주눅 들었던 기억은 한 번도 없습니다. 오히려 연구실에는 자기가 좋아하는 것을 좋아하는 대로 할 수 있는 자유로운 분위기가 넘쳤습니다. 저 같은 사람에게는 더 이상 좋을 수 없는 환경이었습니다.

사카타 선생은 물리학도 평화도 같은 지평에서 생각했습니다. "물리학의 문제를 풀 수 있다면 세계 평화를 향한 어려운 문제도 풀 수 있다"라고 말하며 과학자로서 세계 평화를 위한 길을 진지하게 모색했던 분입니다. 그런 자세를 존경해 저를 포함한 전 일본에서 과학자의 길을 걸으려는 사람들이 나고야대학으로 모여들었습니다. 사카타 선생이 만든 그런 자유로운 토양이 나고야대학의 평화 헌장으로 이어졌습니다.

공격받는 '평화 헌장'

그러나 최근 나고야대학의 평화 헌장이 공격을 받는다거나 욕 듣는 일이 많아졌습니다. 이곳저곳에서 "대학이라는 학문의 장에서 반전사상을 치켜들어 과학을 군사적으로 이용하지 않겠다고 선언하는 것은 지나치지 않느냐"라는 목소리가 나오고 있습니다. 저도 대학 안팎에서 나오는 그런 소리를 듣고 있습니다.

2014년 6월 국회 문부과학위원회文部科學委員會에서도 이 평화 헌장이 도마에 올랐습니다. 국회에서 일본 유신회維新會(당시)의 의원이 나고야대학의 평화 헌장을 비난했습니다. 국립대학으로 교부금을 받고 있는데도 군학 협동을 거부하는 헌장을 고수하는 것은 말이 안 된다는 것이겠지요.

그런 비판의 목소리는 제가 노벨상 수상 기념 강연에서 전쟁 이야기를 하려 했을 때 "학문적인 장소에서 전쟁의 이야기를 하지 마라"라고 한 어느 교수의 주장과 비슷하다는 인상을 받았습니다. 지금 시대에 "군사 연구에 참여하지 않겠다"라고 말하는 평화 헌장과 과학자는 시대에 뒤떨어진 것이고 편향되어 있는 것이겠지요.

물론 그런 압력을 무시하고 기념 강연도 했습니다. 평화 헌장에 쓰인 것처럼 과학자가 군사 연구에 참여하지 않는다는 저의 신념은 변함이 없습니다. 그런 비판에는 절대로 물러서지 않습니다. 나고야대학도 지지 않으면 좋겠습니다. 저쪽에서 밀어붙이면 이쪽도 힘을 내야 합니다. 어떤 때는 싸우기도 해야 합니다. 토론을 한다면 누구에게도 지지 않을 자신이 있습니다.

도모나가 신이치로 박사의 지혜

확실히 지금은 '군사 연구에 참여하지 않는다'라는 나고야대학 '평화 헌장'의 이념은 듀얼 유스 문제를 생각하면 불가능한 선언에 가까울지도 모릅니다. 블랙박스화되는 과학의 세계에서 우리 과학자는 모르는 사이에 어디에선가 군사 연구에 가담하게 되는 그런 시대가 도래했습니다.

일본 유신회 의원이 국회에서 말한 것처럼 국가에서 돈

을 받는 국립대학의 연구원이라면 이러쿵저러쿵하지 않고 국가를 위해 협력하라는 태도에 대해서도 주위에서는 별로 지적을 하지 않습니다. 무언지 모를 불안감이 엄습합니다.

그러나 '이미 듀얼 유스의 시대이므로 평화적인 목적으로 개발한 기술이나 상품을 군사적으로 이용하는 것은 어쩔 수 없는 것이고, 개발한 우리와는 관계없다'라며 책임지지 않아도 좋은 것일까요.

스텔스 전투기에 이용된 페라이트 함유 도료를 개발한 과학자를 나무라는 것은 지나치게 가혹하다는 시각도 있겠지요. 그래도 한편으로는 자신의 발명이 무기에 응용될 가능성을 처음부터 알 수 있는 처지에 있었던 것도 그 사람뿐이었을 테지요. 그것을 "그러려던 것이 아니었다"라는 한마디로 책임지지 않고 피해도 괜찮을까요.

연구자는 매우 개인주의적인 데다, 자신이 좋아하는 연구에 몰두하는 것을 좋아합니다. 어떤 나라에서 전쟁이 일어나든 자기 나라에서 어떤 사회문제가 일어나든 관심이 적은 연구자도 많겠지요. 자신의 연구 조직이 군학 협동의 자금 지원을 받았을 경우 그 풍족한 자금을 반기기는 해도,

저항을 한다든지 반기를 드는 연구자가 그리 많지 않습니다.

그런 무관심한 태도, 문제의식의 부재는 군사 부분의 확대를 추진하는 위정자가 반기는 것입니다. 맨해튼 프로젝트가 제이슨의 과학자 동원으로 이어지는 길입니다. 그런 상황이 되어도 "어쩔 수 없다"라며 살인 무기 개발에 참여하겠다는 것인가요.

제가 학생 시절에 양자전자역학 분야에서 노벨상을 받은 도모나가 신이치로 박사가 전쟁 중에 쓴 논문을 읽고 참으로 감명을 받았습니다. 도모나가 선생은 전시에 전파 무기 개발에 동원되었습니다. "나는 그런 연구에 참여하고 싶지 않다"라며 전쟁 중 동원에 저항하면 바로 비국민非國民• 으로 분류돼 감옥에 갔습니다.

도모나가 선생도 강제적으로 그런 연구에 종사한 것입니다만 저는 선생의 논문을 읽고 무릎을 탁 쳤습니다. 선생의 논문이 전파의 출력 관계를 해석하는 부분을 더없이 일반적으로 정리하면서 핵심 부분은 솜씨 좋게 얼버무리고 넘어간 것입니다. "아, 참 잘 빠져나갔네"라고 저는 확신했습니다. 겉으로 보기에 군사 연구에 협력해 성과를 내는 것

• 일제 강점기에 황국 신민으로서의 본분과 의무를 지키지 않는 사람을 통치 계급의 관점에서 이르던 말.

처럼 했습니다만 중요한 대목은 말하지 않았지요. 독이 되지도 약이 되지도 않는 연구를 해 "예" 하고 순순히 논문을 낸 것입니다. 그러나 양자역학을 연구하는 사람이 보면 분명히 "의도적으로 이 정도 수준으로 하고 말았구나"라는 것을 알 수 있습니다. 민족주의자인 과학자라면 국가를 위해 전력을 다한다는 사명을 갖고 있기 때문에 그렇게 하지 않았을 겁니다. 온 힘을 다해 결과를 만들어내겠지요.

하지만 도모나가 선생은 그렇게 하지 않았습니다. 군부에 자신의 연구를 넘기지 않겠다는 의지를 들키지 않고 관철시켰다고 생각합니다. 저는 그것이야말로 과학자가 지녀야 할 지혜라고 봅니다.

러셀·아인슈타인 선언 하나로는 바뀌지 않는다

전쟁 중 과학기술이 군사적으로 이용되도록 하지 않겠다는 분명한 의지를 갖고 표명하는 연구자는 그렇게 많지 않습니다. 하지만 도모나가 선생처럼 바로 전쟁에 이용되지 않도록 해로운 부분을 뺀 기술을 제공해 간접적으로 이용되길 거부하는 저항의 길을 택한 과학자도 있었습니다.

저의 경우 1960년대에 소립자 연구생으로 있으면서 나가사키현의 사세보佐世保에 미군 원자력 잠수함이 들어온 것을 목격했습니다. 이때 원자력이라는 기술이 이런 형태로 이용되어도 좋은가 하고 시위에 참가하기도, 시민들 가운데에 들어가 강연을 하기도 했습니다.

이 책에서는 러셀·아인슈타인 선언을 일부 인용했고 그와 관련된 퍼그워시 회의의 역사도 소개했습니다. 전후 세계의 과학자들이 한자리에 모여 두 번 다시는 전쟁에 참여하지 않는다고 평화 메시지를 낸 것은 매우 의미 있는 일이라고 생각합니다. 그 중요성은 저도 인정합니다.

그러나 그들은 최전선에서 활약한 저명한 과학자들로 시민 정서와는 너무 동떨어져서 이야기를 했습니다. 오해를 무릅쓰고 말한다면 여기저기 시위에 참여하느라 바빴던 저에게는 그들의 활동이 '귀족' 운동으로 보였습니다.

저는 높은 곳에서 숭고한 이념을 말하는 것보다 노동자나 일반 시민과 함께 활동하는 쪽이 마음이 편했고 보람 있다고 느꼈습니다. 시위나 집회에 참가해 직업이 다른 활동가와 만나기도 하고 사람들의 생생한 목소리를 들을 수도 있었습니다. 이 또한 제게는 큰 소득이었습니다. 위에서 내려보내는 메시지도 필요하지만 저처럼 시민과 함께 풀뿌리에서 활동하는 과학자도 반드시 필요할 것입니다.

러셀·아인슈타인 선언 하나로 과학자를 둘러싼 세계는 바뀌지 않습니다. 세상이 위험하게 흘러가는 것을 막기 위해서 세상 사람들과 과학자들이 뭉쳐 동지로 행동하는 것이 필요합니다. 이를 위해 보이지 않는 곳에서 돕겠다는 마음으로 뛰어다녔습니다.

"멍하니 있으면 아이들이 전쟁터에 끌려가는 거야"

그래서 군학 협동의 위협이나 듀얼 유스 문제 등에 전혀 관심을 갖지 않고 연구실에 틀어박혀 있는 연구자에게 저는 시위나 집회에 가자고 권합니다. 그렇게라도 하지 않으면 그들은 결코 스스로 움직이려고 하지 않습니다. 나서서 사회의 현실을 알려고 하지 않는 것입니다. 그들에게는 과학기술의 군사적인 이용에 대한 경계심이 없습니다. 저는 그들에게 눈을 뜨고 현실을 보라고 합니다.

말을 걸었을 때 귀찮은 듯한 얼굴을 하는 녀석에게는 "멍하니 있으면 네 아이가 전쟁터에 끌려가는 거야" 하고 야단을 치면 약간 깨닫는 듯도 합니다. "과학의 평화적인 이용을"이라는 거창한 이야기를 하는 것보다 네 아이들이 어떻게 된다든지, 손자의 생활이 어찌 될 것이라든지, 징병제가 되어도 좋으냐고 경고함으로써, 과학자가 자신의 문제로 또 일반 생활인의 시각으로 생각할 수 있게 만들어야 합니다.

"과학자에게는 현상의 배후에 감춰진 본질을 꿰뚫어 보는 지혜가 있어야 한다."

사카타 선생의 말씀입니다. 크게 동감합니다. 지금이야말로 과학자에게는 본질을 꿰뚫어 보는 지혜가 필요합니다. 그리고 그 지혜는 자신의 아이나 손자를 미래 어떤 세계에 살게 할 것인가같이 책임을 갖고 생각하는 것에서 시작되지 않을까요.

과학계에서 평화 문제나 사회문제에 눈을 돌리는 노력을 의식적으로 하지 않으면 안 됩니다. 동료끼리 지금 무엇이 위험한지 철저하게 토론하는 것도 필요합니다. 자신의 연구만 무사히 할 수 있다면 괜찮다든가, 돈만 벌면 된다고 말하면 순식간에 휩쓸려 들어가버립니다. 과학과 군사가 밀접하게 연관된 현대야말로 과학자의 상상력, 인간으로서의 삶의 방식을 물어야 합니다.

폭주하는 정치와 '제동 장치'의 소멸

미일 동맹 강화의 본질

최근 일본의 정치가 무섭게 변하고 있습니다. 아베 총리는 '적극적인 평화주의'라고 계속 말하면서 무리하게 안보법제를 바꾸어 집단적 자위권 행사를 용인하려 하고 있습니다(편집자 주_안전보장 관련 법안은 2015년 7월 16일에 참의원 본회의에서 통과되었다).

헌법 9조를 제동 장치로 지금까지 70년 동안 평화를 유지해왔음에도 불구하고 왜 지금 아베 총리는 일본을 '전쟁을 할 수 있는 나라'로 바꾸려 하는 것일까요. 제대로 된 논의도 없이 마치 즉흥적인 생각으로 지금까지의 체제를 뒤집으려고 하고 있습니다.

이번 안보법제 논의에서 아베 정권이 가장 중요하게 생

각하고 있는 것은 정부가 자위대를 언제라도 파견할 수 있도록 하는 항구법恒久法 제정입니다. 이전의 테러조치법이나 이라크 특조법에는 '비전투지역'으로 한정한다는 식으로 자위대의 활동에 상당한 제한이 있었습니다. 하지만 이번에는 자위대의 활동을 단숨에 확대할 작정인 것 같습니다. 이 법안이 통과되면 자위대가 위험한 상황에 처할 가능성은 분명히 커집니다.

이 법안에는 해외에서 자위대의 무기 사용 확대 내용도 포함되어 있습니다. 자위대가 공격을 받았을 때는 다른 나라 부대의 도움을 받지만 다른 나라가 공격을 받았을 때 자위대가 도울 수 없다는 것을 문제 삼은 것입니다. 이런 형태로는 일본의 체면이 말이 아니라는 지적이 있었습니다.

그러면 자기방어용 이외의 무기 사용이 허용되는 상태에서 분쟁 지역에 간 자위대는 어떻게 될까요. 자위대의 목적은 후방 지원이겠지만 상대는 적으로 간주해 공격의 목표로 삼을 것입니다. 이라크에서는 무기 사용이 제한되어 있어서 전사자를 내지 않고 그럭저럭 지나갔지만 법안이 통과되고 나면 '전사자 제로'를 생각하며 미군과 군사 협력

체제를 유지하는 것은 절대 불가능하겠지요.

아베 총리는 2015년 4월 미국을 방문했을 때 오바마 대통령과의 회담에서 미국과 일본의 관계를 "희망의 동맹"이라며 미일 동맹 강화를 소리 높여 선언했습니다. 그리고 아직 국회에서 결정도 나지 않았는데 집단적 자위권을 포함한 미국과의 안보체제 강화를 약속해버렸습니다.

대략 이해하기 쉽게 설명하자면 지금까지는 미국이 "너희들 지켜줄 테니까 돈을 내"라고 말을 하면 "예예, 잘 부탁드립니다" 하고 일본은 줄곧 미국에게 '보호비'를 내왔습니다. 하지만 전후 70년이 지나 일본도 세계적인 경제대국이 되었는데 계속 부하로 있자니 기분이 나빠진 것입니다. 지금까지는 돈을 뜯기고 있었지만 이제부터는 판을 만든 야쿠자와 손잡고 어깨를 나란히 해서 '같이 갑시다'라고 선언했습니다. 미일 동맹 강화의 본질은 바로 이것입니다.

그러나 이는 아주 천박한 판단입니다. 지금부터 일본이 낼 대가는 '보호비'만으로 끝나지 않습니다. 아베 총리는 미국의 요청으로 전쟁에 나간 자위대원이 전사戰死했을 때 도대체 뭐라고 할까요.

아무도 멈출 수 없는 아베 총리의 폭주

국민 여론을 감안한 것인지 각의 결정에서는 집단적 자위권의 '한정적인 행사'라고 했습니다. 하지만 이 말은 참으로 모호하고 납득할 수 없습니다. "우리나라와 밀접한 관계에 있는 다른 나라에 무력 공격이 발생했을 때, 그에 따라 우리나라의 존립을 위협받는" 경우에 집단적 자위권의 행사를 인정한다는 말은 도대체 무슨 의미일까요.

"한정적인 행사만 할 수 있다"라고 말하면서 자위권을 인정한다는 '우리나라의 존립을 위협받는' 사태가 어떤 것인지는 도대체 알 수가 없습니다. 아베 총리는 국회 답변 등에서 중동·호르무즈Hormuz 해협에 기뢰機雷, Naval mine•가 설치되어 원유 수입이 중단되는 경우, 집단적 자위권을 행사할 수 있다는 엉터리 답변을 했습니다. 심지어 자민당에서도 그런 옹색한 설명을 진심으로 받아들이는 사람은 없을 거라고 생각합니다.

혹여 이슬람국가IS를 염두에 둔 것인지 모르겠습니다만 '인질 구출 작전에 자위대를 참여시킨다'와 같은 생각은 더

• 기뢰는 수중에 부설해 진동이나 수압 혹은 자기장이나 음향 등에 의해 폭발하는 바다의 지뢰이다. 수상함이나 잠수함을 격침시키는 데 주로 사용된다.

없이 어리석은 생각입니다. 이슬람국가와의 지상전은 피해 공습에 한정한다고 말하면서 분쟁 지역의 인질 구출에 자위대를 보내겠다는 것은 어린이들이 하는 영웅놀이나 다름없습니다. 그런데도 아베 총리는 정말 그렇게 하려는 듯합니다. 이쯤 되면 자민당 내에 양심적인 판단을 하는 사람들이 있다고 해도, 아베 총리의 폭주를 누구도 막을 수 없습니다.

하루빨리 노벨 위원회가 헌법 9조에 노벨 평화상을 수여해 아베 총리가 노벨 평화상을 받는 계획이라도 만들지 않으면 일본은 어처구니없는 방향으로 가고 말 것입니다. 헌법 9조의 노벨상 수상이 아베 정권의 폭주를 멈추게 한다는 것은 웃지 못할 농담이긴 합니다. 하지만 전혀 불가능한 이야기는 아닙니다. 저는 그 일이 실현되기를 진심으로 바랍니다.

세계에서도 손꼽을 정도의 군비를 갖추려는 야망

일본의 방위비는 세계에서 열 손가락 안에 들어갑니다.

아베 정권 출범 이후 일본의 방위 예산은 매년 늘어나 최근 수년 동안 과거 최고액을 해마다 경신하고 있습니다. 2016년도는 5조 엔을 넘어설 기세입니다. 낙도落島 방위를 강화하기 위해 신형 수송기 MV-22 오스프리와 무인정찰기 글로벌 호크Global Hawk를 구입했습니다. 또 호위함과 잠수함 건조도 예정되어 있다고 합니다.

지금까지 일본은 미국의 단골이 되어 기분 좋게 고가의 무기를 계속 구입해왔습니다. 그렇게 모은 일본의 군사 장비는 세계에서 손꼽을 정도입니다.

그러나 일본 헌법은 교전권交戰權•을 부정하고 있어서 일본은 전쟁을 할 수 없습니다. 그래서 아무리 첨단 장비를 갖고 있어도 그것을 쓸 수 없습니다. 동해로 수상한 북한 배 같은 것이 오더라도, 센카쿠 제도 주변에서 중국 배가 제멋대로 날뛰더라도, 오가사와라小笠原 제도 근해에서 수백 척의 중국 배가 산호를 몰래 캐더라도 어떻게 해볼 도리가 없습니다. 수상한 배에 대해서는 해상보안청 순시선이 쫓아가 위협사격을 할 순 있지만 거기까지입니다. 상대에게 타격을 줄 수는 없습니다.

• 국가 간에 평화적인 수단으로 해결할 수 없는 문제가 생겼을 때 전쟁을 통하여 이를 해결할 수 있는 권리.

수상한 배에 대한 위협사격에는 20밀리미터 기관포를 사용합니다. 이 기관포는 단 한 발로 100톤 정도의 배를 침몰시킬 수 있는 위력을 가지고 있습니다. 하지만 그런 위력 있는 무기가 있는데도 효과적으로 사용할 수 없고, 일본 영해는 늘 침범당하고 있습니다.

그러나 생각해보십시오. 무기를 사용할 수 없다는 제약 덕에 일촉즉발의 상황을 그나마 피할 수 있는 것 아닐까요. 동해로 탄도미사일이 날아오는 것도 북한이 확신을 갖고 저지르는 일종의 퍼포먼스입니다. 미일 동맹을 맺고 있는 일본 본토에 미사일을 쏘는 일이 일어날 리 없습니다. 그냥 놔두면 될 일입니다.

중국 배의 산호 채취 경우에도 무기를 사용해 그 배를 쫓아낼 수 없기 때문에 고육책으로 산호를 채취해도 수지가 맞지 않도록 수천만 엔의 벌금을 매겼습니다. 이런 제재가 효과를 발휘해 최근에 그런 배는 모습을 감추었습니다. 일본은 이런 방식으로 분쟁을 해결하는 것이 좋습니다. "교전권이 없다", "무기를 사용할 수 없다"라는 제약 때문에 지혜롭게 해결 방법을 만들어내 평화를 유지해왔습니다.

독도나 센카쿠 제도의 영토 문제와 관련해서도 이번 안보법제 노선 변경으로 일촉즉발의 사태가 생길지 모릅니다. 전쟁은 외교의 연장이라는 클라우제비츠의 '전쟁론' 이야기를 했습니다. 영토 문제가 바로 여기에 해당합니다.

이런 말을 하면 일본인은 반발할 듯하지만 영토 분쟁에는 반드시 쌍방 나름의 주장이 있는 법입니다. 예를 들어 중국이 "오키나와沖縄는 우리 영토다"라고 주장했다 해도 거기에는 그들 나름의 이유가 있는 것입니다.

오키나와는 류큐琉球 왕국으로 독립국이었던 시절 중국과 일본, 조선, 그리고 동남아시아 여러 나라와 교류를 했습니다. 그때에 오키나와는 중국과 일본(에도 시대에 류큐에 힘을 과시했던 규슈九州의 사쓰마번薩摩藩)에 충분히 공물을 바쳐 "저희들을 지켜주십시오"라며 군사적인 보호를 받았습니다. 작고 약한 해양국가로서는 그렇게 하지 않을 수 없었겠지요. 그렇기 때문에 그런 역사를 보면 중국 쪽이 "오키나와는 우리의 친척이었다"라고 말하는 것도 틀리지 않습니다.

그러니까 영토 문제에는 어느 나라나 자신의 영토라고 주장할 수 있는 근거가 있기 때문에 사이좋게 대화로 해결하자는 것이 말처럼 쉽지 않습니다. 그러면 어떻게 해야 할까요. 무력을 행사해서 자국의 영토라고 주장해야 할까요. 어느 쪽도 양보하지 않으면 어느 한쪽이 강하게 나설 때 전쟁을 벌일 수밖에 없겠지요.

그런 점에서는 중국의 덩샤오핑鄧小平은 큰 인물이었다고 생각합니다. 비록 이런저런 문제가 있는 인물이긴 합니다. '지금 당장은 이렇게 합시다', '미래에 후손들에게 맡깁시다' 하며 영토 문제에는 손을 대지 않는 방법을 제시했습니다. 그것이 전쟁을 피하는 외교 협상의 지혜입니다. 그리고 지금까지 일본은 헌법에 따라 교전권을 갖지 않았기 때문에 상대가 다소 강하게 나오더라도 문제를 유보할 수 있었던 것입니다.

이런 외교의 지혜는 평화를 유지하는 데 매우 중요합니다. 안보법제가 크게 바뀌려는 지금, 이런 영해 침범 문제나 영토 문제에 정부는 어떻게 대응할까요. 저는 매우 불안합니다.

헌법 9조의 전쟁 포기에 대한 해석은 하나밖에 없다

일본은 지금 해석 개헌에 따라 '전쟁하는 나라'로 돌진하고 있다는 생각이 듭니다. 그러나 헌법 9조의 전쟁 포기에 대한 해석은 하나밖에 없습니다. 다른 해석의 여지가 없습니다.

해석 개헌을 소리 높여 외치는 사람들에게 그 이유를 물어보면, 한결같이 "헌법의 조문이 불충분하기 때문에"라고 말합니다. 그렇지 않습니다. 누가 읽어도 단번에 '교전권 불인정'이라는 의미를 잘 알 수 있습니다. 승전국인 미국이 만들어서 일본에 강제한 것이라 해도 일본인이 두 번 다시 전쟁을 일으키지 않겠다는 선언은 세계에 자랑할 만한 것입니다. 이 헌법 9조가 있기 때문에 일본의 헌법은 평화헌법인 것입니다.

헌법 9조의 조문을 읽으면 전쟁을 하지 않겠다는 깊은 맹세에 저는 눈물이 날 지경입니다. 저는 헌법학자는 아니기 때문에 '헌법을 바꾸지 않아도 전쟁을 할 수 있다'라고 호언장담하는 호전파가 어떤 방법으로 해석 개헌을 하려고 하는지 잘 모르겠습니다. 하지만 지금까지 일본이 헌법 9조 덕에 얼마나 많은 위기를 극복했는지 생각해야만 할 것입니다.

"죄송합니다. 우리는 이런 헌법이 있기 때문에 자위대의 군사 지원은 할 수 없습니다", "그 대신 현지의 인프라 정비나 지원물자 수송에는 가능한 한 협력하겠습니다"라고 일본은 헌법 9조에 기대어 전쟁에 말려드는 상황을 피해왔습니다. 그럼에도 불구하고 왜 이제 와서 고작 일개 내각의 해석 변경만으로 전쟁을 할 수 있는 나라로 만들겠다는 것일까요.

'9조 과학자 모임'의 설립

저는 스승인 사카타 쇼이치 선생의 평화를 향한 정열적인 활동에 감명을 받아 그 활동을 도왔습니다. 하지만 그런 평화운동의 선봉장이 될 생각은 없었습니다. 이념에는 찬성해도 어디까지나 조력자로서 뛰어다녔습니다. 그러는 편이 저다운 역할을 하는 것이라고 생각했기 때문입니다.

그러나 21세기에 들어섰을 즈음부터 일본의 상태가 이상해졌습니다. 보이지 않는 곳에서 힘이 되는 조력자로 있다가는 개헌파에 밀려나버릴 것 같은 우려가 들었습니다. 더 구체적인 전쟁 반대 호소가 필요하다고 생각하게 되었습니다.

일본을 대표하는 극작가인 이노우에 히사시井上ひさし와 노벨 문학상 수상자인 오에 겐자부로大江健三郎가 설립한 '9조 모임'이 있었습니다. 그 생각에 찬성해 일본의 과학자들이 '9조 과학자 모임'을 조직했습니다. 저는 그 발기인으로 이름을 올렸습니다. 노벨상을 받고 나서는 특히 단체들이 주최하는 모임 등에서 강연을 하고 있습니다. 강연을 듣는 청중들은 대부분 쟁쟁한 과학자들이기 때문에 시간 낭비가 되지 않도록 스승인 사카타 선생 이야기나 저의 전쟁 경험을 가능한 한 겸허하게 모든 사람에게 전합니다.

이 '9조 과학자 모임' 설립 당시 뜻을 같이한 과학자 여러분에게 메시지를 보냈습니다. 그런데 그 메시지를 이번에 다시 보니 제가 상당히 용감한 말을 했었습니다.

일본이 그럭저럭 평화롭게 지내온 것도 헌법 9조 덕분입니다. 지금 헌법 9조의 해석을 조금씩 바꿔서 1만 킬로미터 떨어진 먼 곳까지 일본 자위대가 가고 있습니다. 이보다 더한 일을 하려면 헌법 9조는 참으로 방해가 됩니다. 평화의 나라 일본인지 전쟁을 하는 나라 일본인지의 최후 공방이 벼랑 끝까지 와 있습니다. 우리들은 이 싸움에서 이기지 않으면 안 됩니다.

이 메시지는 2005년 그러니까 10년 전의 것입니다. 하지만 안보법제를 구체적으로 바꾸려고 하고 있는 지금이야말로 다시 알려야 하고 또 알리고 싶은 마음입니다.

헌법 전문에는 "평화를 사랑하는 모든 국민의 공정함과 신의를 신뢰해서 우리들의 안전과 생존을 유지하려고 결의했다" 그리고 "어떤 국가도 자국의 일에만 전념해서 타국을 무시해서는 안 된다"라고 나와 있습니다. 이 말에는 '무력을 사용해서라도 타국을 지원한다'라는 의미는 담겨 있지 않습니다.

자위대를 해외에 파견하는 비용의 10분의 1만 쓴다면

지원받는 나라의 여러 사람들이 기뻐할 훌륭한 해외 협력대를 만들 수 있습니다. 의료 지원도 식량 지원도 인프라 지원도 일본밖에 할 수 없는 길을 추구해 세계에 공헌하면 됩니다. 세계에 전쟁 반대 호소를 할 수 있는 나라는 히로시마, 나가사키에서 유일하게 피폭 경험을 한 나라인 일본밖에 없다고 생각하지 않습니까.

정치에 무관심해지는 젊은이들, 얌전한 시민

아베 총리의 이런 폭주를 극우로 취급해 일본 정치의 앞날이 위험에 처했다는 시각을 가진 해외 언론이 상당히 많아졌습니다. 지금 일본의 정치가 어떻게 되어 있는지 알려면 세계 각국 언론의 보도를 보는 편이 더 알기 쉬울지도 모르겠습니다.

그런데 그런 세계 각국의 보도에 일본인은 거의 관심이 없습니다. 선거 투표율이 매년 낮아지는 데에서 알 수 있듯이 일본의 젊은이들은 정치에서 멀어져가고 있습니다. 어른들 역시 무관심한 것처럼 보입니다. 이 정도로 안보법제 노선이 크게 방향을 전환해 일본이 전쟁을 할 수 있는 나라로 되려는데도 불구하고, 어처구니없을 정도로 국민들이 얌전합니다. 도대체 무슨 일인가 하고 고개를 갸웃하게 됩니다.

아베 정권은 선거권과 국민투표법의 연령을 18세로 하향 조정했습니다. 이전에 베트남 전쟁(1971년) 중에서 미국은 그때까지 21세였던 선거권을 18세로 낮췄습니다. 이는 당시 징병제와 밀접하게 관련된 것이었습니다. 선거권이 없는 젊은이를 전쟁터로 보내면서 참정권을 주지 않는다는 것은 사리에 맞지 않는다는 논란이 있었기 때문이었습니다. 그렇다면 선거권을 18세로 낮춰 참정권을 주고 당당하게 징병하겠다는 것이었지요. 선거권 연령 하향 조정은 길어진 베트남 전쟁으로 파병 인원을 늘리기 위한 미국의 국가 정책이었습니다.

우리나라에는 징병제가 없습니다. 하지만 갑작스러운 선거권과 국민투표법의 연령 하향 조정에서 어쩐지 그런 수상한 국가 정책의 의도를 느끼게 됩니다.

아베 총리의 의도는 잘 모르겠지만, 아베 총리는 자신이 젊은이들에게 인기가 있다는 확신으로 선거 연령을 낮추면 지지층이 늘어날 것이라 생각하는 것일까요. 하지만 인터넷상의 우익 층은 극히 일부입니다. 젊은이들은 대부분 정치에 무관심해졌습니다. 과거 대학생을 중심으로 한 젊은이들은 정치 혁신을 목표로 했습니다. 1970년대 학생운동을 보면 그 기세를 알 수 있지요. 지금은 젊은이들은 거의 나서지 않습니다. 매주 금요일 국회의사당 앞에서 반反원전 시위를 하는 사람들은 대부분 중·장년, 노년 세대입니다. 심지어 중·장년, 노년 세대도 늘 모이는 사람들만 모이고 있어 동원력이 없어진 상태입니다.

국가권력이 폭주를 시작했는데 국민은 무관심해서 무반응 하고 있는 형편입니다. 위기의식을 별로 갖지 않는다는 것은 이미 어떤 '제동 장치'도 없다는 것을 뜻합니다. 특정비밀보호법의 경우에도 2013년 각의에서 결정해 2014년 12월 시행까지 순식간에 진행됐습니다. 그사이 일본 국민이 얼마나 이 법안에 저항했나요. 목소리를 낸 것은 일부 사람뿐, 국민이 위기의식을 가질 만할 때 쓱 통과해버렸습니다.

특정비밀보호법 같은 법률은 평상시에는 크게 문제될 것이 없는 법률입니다. 그러나 정치 정세가 불안해진다든지 긴장이 높아지면 그 순간 송곳니를 드러냅니다. 특정비밀보호법은 그런 법률입니다.

이 책의 서두에서 제가 TV 프로그램에서 특정비밀보호법에 반대한다는 의견을 말했더니 지체 없이 저의 연구실로 외무성 공무원이 왔다는 이야기를 했습니다. "선생님이 걱정하실 일은 없다"라고 설득하는 그들에게 저는 미국의 핵개발 핵심 인물이었던 과학자 오펜하이머 이야기를 했습니다.

오펜하이머는 맨해튼 프로젝트를 이끌었던 존재였습니다. 핵을 개발한 연구자였지만 매우 우수한 이론물리학자여서 전후에 그의 아래에 많은 젊은 연구자들이 모였습니다. 그 가운데에는 전쟁 전 유럽에 있었을 때 알던 연구자도 있었습니다. 그러자 당국으로부터 핵무기 비밀을 소련에 흘렸다는 의심을 받은 오펜하이머는 스파이 혐의로 의심을 받게 됩니다. 냉전 시대의 일입니다. 결과적으로 무죄 선고를 받지만, 사실상 과학자 오펜하이머의 생명은 거기서 끝나버린 것입니다.

저는 외무성 공무원에게 이런 이야기를 해서 '평상시에는 문제없어 보여도 정세가 위태로워지면 특정비밀보호법은 어떻게 쓰일지 모른다. 그래서 반대한다'라고 말했습니다. 잘못이 없는 사람을 의심해서 수상하면 합법적으로 배제할 수 있습니다. 그런 법률은 결코 허용해서는 안 됩니다. 외무성 공무원들은 저를 간단하게 설득할 수 있다고 생각하고 온 모양이었습니다만 이걸로는 안 되겠다고 생각했는지 이내 포기하고 돌아갔습니다.

제4장에서 요즘 과학자들에게는 상상력이 부족하다는 이야기를 했습니다. 과학자뿐만 아니라 일반 사람들도 정부가 특정비밀보호법을 방패 삼아 무엇을 하려는 것인지 더 깊이 생각해보는 게 좋겠지요. 이 법률의 가장 큰 문제는 특정비밀보호법이 무엇을 비밀로 하는가를 우리들이 전혀 알 수 없다는 것입니다. 군사 개발이든 과학자 동원이든 이 법률이 있으면 국민에게는 비밀로 하고 무슨 일이든 할 수 있습니다. 우리들의 눈이 닿지 않는 곳에서 몰래 일이 진행되는 것은 무서운 일입니다.

무리하게 그런 법률을 시행하는 정부를 향해 왜 국민은 목소리를 높이지 않는 걸까요. 지금 일본은 이런 부분이 가장 큰 문제입니다. 젊은이를 비롯해 국민 전체가 어딘지 둔감해진 듯한 느낌이 드는 것은 저뿐일까요.

노동조합 해체, 시위 쇠퇴: 소멸하는 '운동'의 주체

제가 제대로 파악한 것인지는 잘 모르겠지만 일본인이 정치에 둔감해진 것은 1970년대 안보 투쟁 이후라고 생각합니다. 1970년대 안보 투쟁이 장비로 무장한 기동대 앞에서 무너져 운동의 주체를 잃은 뒤부터 젊은이의 비정치화가 급속도로 진행된 듯합니다. 젊은이들은 자신들이 청춘을 바친 학생운동이 단 하나의 결실도 보지 못하고 거대한 힘에 의해 단숨에 뭉개진 좌절감 때문에 정치에 관심을 가져봐야 좋을 일 없다고 생각하게 된 것 같습니다. 그 결과 젊은이가 집회를 연다든지 시위를 벌여 항의한다든지 하는 집단행동이 점점 줄어든 것 같습니다.

조직적으로 의견을 말하는 집단이 사라진 것은 학생운동만이 아닙니다. 1970년대 중반까지는 노동운동이 매우 활발했습니다. 그때 당시 국철의 마루세이マル生 운동(1970년대 초 국철이 관리직을 이용해 노동자를 통제하려고 한 생산성 향상 운동)과 같은, 노동조합을 얌전하게 만들기 위한 탄압이 시작되었습니다. 그런 통제를 노조 쪽이라고 보고만 있지는 않았습니다. 격렬한 노사분쟁의 결과 당시는 국노(국철노동조합), 동노(국철동력차노동조합) 조합원이 이겨서 국철 당국이 사죄하는 상황도 있었습니다.

노조 측이 승리하자 그때까지 노조를 억누르려고 했던 중간 관리직이 힘을 잃고 붕 떠버리는 사태가 벌어졌습니다. 힘의 균형이 무너지는 중에 이번에는 노조의 부패가 시작되었습니다. 노조의 노동자가 일을 게을리한다든지 매표소에서 부정을 저지른다든지 하는 묵과할 수 없는 행위가 일상이 되었습니다.

이는 소련 말기와 매우 흡사한 상황입니다. 예를 들어 북극해 항로를 이용해 물자를 운송한다고 해놓고 시간에 맞춰 배가 오지 않으면 노동자가 물자 운반용 차량을 이용해 마음대로 아르바이트를 하러 가버리곤 했습니다. 그래도 관리직은 그런 노동자에게 아무런 불평을 할 수 없었습니다. 세력 관계가 역전되었던 것입니다. 국철 노조에도 그런 일이 일어났습니다.

신문은 그런 사태를 잠자코 두고 보지 않습니다. 국철 노조가 얼마나 부패했는지 매일같이 낱낱이 기사로 써서 세상에 알렸습니다. 보도를 접한 일반 시민들도 국노·동노 비판을 쏟아내며 '해이해진 노조'라고 강하게 반발했습니다. 노조가 여론의 표적이 되자 이전부터 논의되었던 국철 분할 민영화가 현실화될 동력을 얻게 되었습니다.

당연히 노조 측은 격렬하게 저항했습니다. 처절한 싸움 끝에 민영화파가 압도적 다수가 되었고 노조는 마침내 분열해 힘을 잃었습니다. 그런 가운데 사회당을 지지했던 총평總評(일본노동조합총평의회)도 해체되어 지금의 연합連合(일본노동조합총연합회) 체제가 되었습니다. 당시 국철 노조가 지나치게 멋대로였던 부분이 분명히 있습니다만 국철 노조 해체 이후에는 노동조합 자체가 어금니 빠진 듯한 존재가 되어버렸습니다.

노조가 힘이 있던 시절은 춘투春鬪도 활발했습니다. 하지만 지금은 형편없습니다. 경제 불황 때문에 노조를 조직할 만한 힘이 있는 기업도 줄어들었습니다. 심지어 노조는 비정규 노동자가 급속하게 늘어나면서 더욱 약해졌습니다. 노동자가 비정규직과 정규직 사원으로 나뉘어 그 간극이 해가 갈수록 커져갔습니다.

세계화가 급속하게 진행되면서 종신 고용이나 연공서열 제도가 과거 일이 되어가고 있으니 지금은 정규직 사원들도 태평하게 있기 힘듭니다. 능력주의, 성과주의를 강요받으면서 살아남기 위해 필사적이고, 어떻게 해서든 회사에 남아 있으려는 사람도 많겠지요. 그런 상황에서 임금 인상 투쟁 같은 것이 가능할 리도 없고 조합 활동도 이름뿐입니다. 비정규직도 정규직 사원도 여유가 없습니다. 자신을 챙기기에도 여유가 없습니다. 이런 상황에서는 정치가 어떻게 된다고 하더라도 시민운동은 좀처럼 일어나지 않을 것입니다. 그러나 이대로 일본 정치가 엉뚱한 방향으로 나아가려는 것을 고분고분 두고 봐도 될까요.

“두 가지 일을 동시에 할 수 없으면 어른이 아니지”

저는 사카타 선생과 소립자 연구 및 평화운동을 함께 했던 나고야대학에서 시작해 교토대학, 도쿄대학, 다시 교토대학, 교토산업대학 그리고 나고야대학으로 몇 번이나 학교를 옮겼습니다. 그때마다 이사를 했었지만 학교에서 연구를 하면서 늘 조합 활동과 사회운동으로 분주했습니다.

“물리 연구와 평화운동은 둘 다 같은 가치가 있다”라는 신념을 가지고 계셨던 사카타 선생의 교실에는 “두 가지 일을 동시에 할 수 없으면 어른이 아니지” 하는 분위기가 있었습니다. 제가 연구에도, 조합 활동에도 열심이었던 것은 그런 영향도 있었습니다. 게다가 역시 문제가 있는데 보고도 못 본 척할 수 없다는 성격 때문이기도 했습니다.

교토대학에서는 부임하고 2년이 안 되어 교토대학 이학부 직원조합의 서기장을 맡았습니다. 저는 이런 활동의 지도자를 뽑을 때 이 사람은 이래서 안 되고 저 사람은 저래서 안 되고 하면서 시간 보내는 게 너무 싫어서 “네가 해라”라고 하면 “예” 하고 말하고, 아무도 할 만한 사람이 없으면 제가 하겠다고 말해버립니다. 다른 사람보다 말수가 많은 탓도 있지만, 귀찮은 것은 나서서 해버리는 성격 때문이기도 합니다.

당시에는 함께 노벨상을 받은 고바야시 마코토 씨와 공동 연구를 하고 있을 때였습니다. 보통의 연구자라면 조합 활동 같은 거 할 여유가 있으면 연구에 더 시간을 쏟으려고 합니다. 하지만 저는 전혀 그렇게 생각하지 않았습니다. 조합 활동을 하면서 연구도 빈틈없이 했습니다. 오후에는 대개 조합 활동으로 집회에 사람을 동원한다든지 입간판을 만든다든지 전단을 제작한다든지 하면서 대학 여기저기를 돌아다녔습니다. 저녁에는 서기국 회의가 있어서 대학을 떠나는 것은 오후 7시를 넘어서였습니다.

그렇지만 저는 천성이 부박해서 고바야시 씨와 한번 토론에 빠지면 제가 모이라고 연락해놓은 집회를 잊어버리는 일도 있었습니다. 한번 토론을 시작하면 멈추지 못하는 버릇이 있어서 나중에 시계를 보고 "어, 큰일 났네" 하게 됩니다. 그런 실수도 했지만 조합 활동은 열심히 했습니다.

'베트남에서의 독가스 사용 반대!'

당시 조합 활동 중에 비정규 직원의 '고용 중지' 문제가 있었습니다. 대학교수들은 정부에서 지급된 연구 자금으로 비서와 스태프를 고용했습니다. 그런데 지급액이 줄면 우선 인건비를 삭감합니다. 지금까지 연구를 도와주고 정기적으로 수입을 얻던 사람이 어느 날 갑자기 "이달 말까지만 하고 그만두세요"라는 말을 듣습니다. 그런 일을 당연하게 여겼습니다.

지금까지 연구를 도와주었던 젊은이들이 대학 사정으로 당연한 듯 해고됩니다. 저는 그런 상황을 보고 넘어갈 수 없었고, 젊은이들이 사용 후 폐기처분 되는 것을 보고도 못 본 척하는 연구자들의 행태도 묵과할 수 없었습니다.

조합이 목소리를 높이지 않으면 이런 고용 관행은 앞으로도 계속될 것임에 틀림없다고 생각했습니다. 연구실마다 돌아다니며 집회에 참가해주도록 요청했습니다. 물론 '고용 중지'의 장본인인 교수 방에도 들어갔습니다. 저는 키도 작은 꼬마입니다만 이럴 때의 태도는 거칠 것이 없습니다. 그

교수 앞에서 책상을 탕 치면서 "지금부터는 멋대로 해고를 허용하지 않겠소!" 하고 큰소리치는 일도 있었습니다.

비슷하게 떵떵거린 이런 일도 있었습니다. 제가 25살 즈음일 때입니다. 토론을 하고 있는 물리학회 자리에서 갑자기 "베트남에서의 독가스 사용 반대!" 하고 소리쳐 독가스 사용 금지에 호응해주도록 요청하고 나섰습니다. 분위기가 시끌시끌해지자 참석한 한 선생이 "애송아, 그런 것은 학회 자리에서 말해선 안 돼" 하고 엄한 얼굴로 저를 나무랐습니다. 그걸 듣고 저는 "고물은 입 닥쳐라!"라고 소리쳤습니다.

그 선생은 저도 강의를 들은 적이 있어 친하게 지내는 연구자였습니다. 다만 입이 험하기로 유명해서 젊은이가 무언가 말하면 반드시 심한 말로 나무랐습니다. 나중에 제게 찾아와 "마스카와 군, 좀 말이 심하지 않나. 정정해주지 않겠나" 하고 부탁을 했습니다. 원래는 귀여운 구석이 있는 사람이었던 것입니다. 나중에 그런 부탁을 하러 올 거라면 처음부터 말하지 말지 하는 생각도 듭니다만 그것도 성격인 거겠지요. 뭐 그런 사이였기 때문에 저도 거리낌 없이 "고물"이라고 받아쳤던 것입니다.

그때는 1960대 중반쯤으로 미국은 금지된 독가스를 베트남 전쟁에서 사용했습니다. 용납할 수 없는 행위였습니다. 저는 물리학회 자리에서 '독가스 금지' 결의를 반드시 통과시키겠다는 사명감에 불탔습니다. 그런데 학회에서 정치적인 말은 하지 말라는 꾸중을 들어버렸던 것입니다. 뭐 그렇게 큰소리칠 정도였으니 저도 물러서지 않습니다. 오히려 나이 든 보수층을 걷어차고 혁신적인 발언을 하는 것은 젊은이의 특권입니다. 독가스 반대 동의와 관련해서는 한발도 양보하지 않았습니다. 결국 당당히 결의를 통과시켰습니다.

이런 조합 활동 등의 일화를 이야기하면 제가 언제나 과격한 발언만 한 것처럼 보입니다. 사실 그렇지는 않습니다. 더 과격한 사람은 늘 있고, 그렇지 않은 온건파도 공존합니다. 저는 그런 사람들 속에 들어가 "자-, 자-" 하고 서로 의견을 이어주는 역할을 했습니다. 급진적인 사람들과 온건파의 중간쯤에서 제안을 통과시키는 역할을 했었습니다. 과격한 말을 하라면 할 수 있습니다만 제안을 통과시키기 위해서는 모두의 의견을 냉정하게 보는 존재가 필요합니다. 잘 보고 "아, 낙찰이 될 지점은 이 정도일까" 하고 판단해서 정리하는 역할을 했습니다. 여러 활동에 참여하다 보니 집회를 잘 정리하는 기술도 몸에 익었습니다.

그렇지만 1990년대 후반쯤 관리직이 되어 조합 활동이 불가능해졌습니다. 그래도 젊은이가 열심히 하는 조합 활동을 응원하고 싶었습니다. 그래서 관리직이더라도 숨은 조합원으로 몰래 조합비에 해당하는 기부를 했습니다. 대단한 금액은 아닙니다만 나서서 활동하지는 못하더라도 '내 마음은 아직 조합에 있어' 하는 증명 같은 것이었습니다.

연구를 해가면서 학회에서 주저 없이 정치적인 발언을 했고, 조합 활동도 했습니다. 제 인생은 이렇게 허둥지둥 지나가버렸습니다. 힘든 일의 연속이었지만 즐거운 나날이었습니다. 세상의 여러 문제에 관여해서 무언가 하고 싶었습니다. 사카타 선생에게서 물려받은 그런 기개가 열심히 활동하는 원동력이 되었던 것이겠지요.

비등점을 넘어서는 날이 반드시 온다: 최후의 보루는 헌법 9조

지금의 젊은 연구자나 학생들은 귀찮기도 하겠지만 스스로 들이대서 무언가를 하려는 정열을 별로 느낄 수 없습니다. 무언가 사회적인 문제를 이야기하려고 해도 찬성인가 반대인가를 따지기 전에 "그건 무슨 의미입니까", "무슨 말씀인가요"라는 질문부터 나옵니다. 문제의 본질을 이해하지 못하고 있거나 아니면 관심 없는 태도가 뻔히 보여서 힘이 쑥 빠져버립니다.

과거 학생운동이나 사회운동에 참여했던 사람들도 동기부여가 없어진 지 오래입니다. 말하자면 '자라 보고 놀란 가슴 솥뚜껑 보고 놀란다'라는 속담처럼 필요 이상으로 조심성이 생겨서 데일 것 같은 곳은 근처에도 가지 않습니다. 동료와 열띤 토론을 벌이는 일도 없습니다. 너무 개인주의적입니다. 일반 시민도 비정규 고용이 늘어나면서 양극화가 심해져 가진 층과 가지지 못한 층의 계층화가 진행되고 있습니다. 이런 단절은 사람들에게서 기력과 에너지를 빼앗습니다. 그렇게 되면 일반 시민이 결속해 목소리를 높이는 일은 더더욱 어려워집니다. 학생운동, 노동운동, 시민운동의 주체가 사라져 신념을 갖고 발언하는 층이 없어졌습니다.

자민당도 마찬가지입니다. 반대 의견은 거의 사라져 아베 총리가 생각하는 대로 일이 진행되어버립니다. 얼마 전까지는 사상적으로는 보수라고 하더라도 평화운동에 대한 확고한 신념을 갖고 있는 노나카 히로무野中廣務같이 전쟁을 아는 세대의 노회한 정치인이 있었습니다. 그런 확고한 신념을 가진 전쟁 경험 세대가 언제부터인가 쫓겨나버렸습니다. 이런 현상은 더 이상 세대교체라기보다는 의도적인 배제라고밖에 생각할 수 없습니다. 자민당에는 이미 아베 총리의 폭주에 제동을 걸 만한 정치인은 없습니다.

순진하다는 말을 들을지도 모르겠습니다. 하지만 그래도 저는 반드시 민중이 "그건 이상하지"라는 목소리를 높이기 시작하는 시기가 올 것이라 믿습니다. 물론 저는 민중이 일어서는 것이 늘 좋은 방향으로 갈 것이라고는 생각하지 않습니다. 민중을 잘 선동한 나치의 사례도 있습니다. 민중의 지지를 받아서 제대로 선거에서 뽑힌 사람이 표변豹變하는 일도 있습니다. 그 점은 조심해야 합니다.

그렇지만 지금 아베 정권은 벼랑 끝으로 가고 있습니다. 총리의 안하무인인 듯한 태도는 얌전한 국민을 깔보는 수작으로밖에 생각할 수 없습니다. 총리의 어떤 폭주가 대중의 위기의식에 불을 붙일는지 모르겠습니다. 하지만 얼마 지나지 않아 반드시 "그건 지나치잖아" 하고, 얌전했던 대중의 인내가 비등점을 넘어서는 순간이 올 것이라고 생각합니다. 그때에 비 온 뒤 죽순처럼 여기저기서 목소리가 나올 것입니다. 그런 때가 찾아올 겁니다. 저는 그렇게 믿고 있습니다.

사회운동은 모 아니면 도가 아닙니다. 작은 목소리라도 그것이 모여 모두에게 전해지면 거기에 압력이 가해져 잠깐 흩어져버린다고 해도 다시 일어나 이어져갈 것입니다. 그런 목소리가 아베 정권을 뒷받침하는 세력에 제동을 걸 수 있기를 바랍니다. 거듭 이야기합니다만 그때 최후의 보루는 헌법 9조입니다. 일본을 전쟁할 수 있는 나라로 만들어서는 절대 안 됩니다. 우리 아이들과 손자들이 짊어질 미래를 생각하면 답은 저절로 나올 것이라고 믿습니다.

Part 6

'원자력'은 모든 문제의 축소판

원자력의 '평화적 이용'과 '군사적 이용'

과학을 군사적으로 이용하는 으뜸 사례가 핵이겠지요. 핵무기는 평화적인 이용과도 듀얼 유스와도 관계가 없습니다. 한 발로 대량살상이 가능한 역사상 최대의 파괴 무기입니다.

제2차 세계대전 후 아인슈타인을 필두로 한 과학자들이 과학의 평화적 이용과 핵 위협을 소리 높여 외칠 때에도 미국 대통령은 핵을 손에서 놓지 않았습니다. 제2차 세계대전 당시 독일에서 망명한 실라르드는 핵 기술 개발에 협력하는 대신 나치가 패했을 때 원자폭탄을 국제적으로 관리하자고 청원했습니다. 하지만 미국은 그 약속을 휴지 조각으로 만들었습니다. 앞서 여러 번 말했지만 국가권력 앞에서 과학자는 참으로 무력한 존재입니다.

소련의 원자폭탄 실험 성공에 위협을 느낀 미국은 수소폭탄 실험을 시작합니다. 1950년 비키니환초에서 감시대를 만들어 높은 곳에서 폭발하는 수소폭탄 실험 장치를 만들었습니다. 그러나 곧바로 소련은 미국보다 기술 수준을 높여서 비행기에 탑재할 수 있는 수소폭탄을 개발합니다. 그 뒤 강대국들의 수소폭탄 개발 경쟁이 이어집니다. 이어 선진 자본주의 국가에서는 막대한 비용과 연구자를 투입해 핵 기술의 군사적 이용과 동시에 에너지 대책으로 원자력 발전소 건설 등 산업용 원자력 개발을 진행했습니다.

저의 스승 사카타 선생은 원자력의 평화적 이용은 위정자나 과학자의 철저한 안전 관리 아래에서만 가능하다는 신중론을 폈습니다. 50년도 더 전에 원전의 안전 심사를 가볍게 여기는 태도를 경고했던 것입니다.

1966년 영국에서 개발해 실용화에 성공한 콜더 홀 개량형 천연우라늄·탄산가스 냉각형 원자로가 도카이東海발전소에 처음 도입되었을 때 사카타 선생은 정보 공개를 요구해 안전 측면에서 논의를 더 해야 한다고 주장했습니다. 하지만 그 주장은 전혀 받아들여지지 않았습니다. 그런 가운데 안전 심사 기구 전문위원을 맡았던 사카타 선생에게 의도적으로 심사 관련 서류가 오지 않는 등의 문제가 생기자 "설치하는 쪽과 심사하는 쪽의 구분이 분명하지 않다"라며 사카타 선생은 분개했고, 전문위원에서 물러나버렸습니다.

안전 심사가 중요하다고 거듭 주장한 사카타 선생의 항의는 원전 건설을 추진하는 정부와 기업, 전문가의 담합으로 차단되어 대중의 관심을 불러 일깨우는 데까지는 가지 못했습니다. 그러나 사카타 선생이 지적한 원전의 안전에 대한 우려와 경고는 3·11 원전 사고로 현실이 되었습니다. 50년 전부터 스승이 몸 바쳐 항의했던 원전의 안전 심사상의 문제가 최악의 형태로 모습을 드러내버린 것입니다. 사카타 선생이 살아계셨다면 이런 사태를 보고 얼마나 한탄하셨을까요.

원자력으로 대표되는 현대 과학기술은 이미 일본인의 생활에 깊숙이 자리 잡고 있습니다. 하지만 전문 과학자를 포함해 다른 분야의 과학자도 거의 무지·무관심한 채로 있습니다. 전력투구하는 국가 정책에 정치적으로 쓸데없이 참견하지 않는다는 무사안일주의로 일관합니다.

원전 건설 예정지에서 열변을 토하다

제가 원자력 문제에 관심을 가진 계기는 1946년 미국의 원자력 잠수함 사세보 기항 사건부터입니다. 당시 교토대학의 원자핵이론 전문가인 나가타 시노부永田忍 선생이 비상근 연구원으로 나고야대학에 부임해 왔습니다 나가타 선생은 '교토 비핵非核 모임'의 간사를 맡아 핵무기 철폐 운동을 해온 분입니다. 나고야대학 물리학교실의 E반 학생들은 나가타 선생에게서 미국 원자력 잠수함의 구조와 원자로의 구조에 대한 강의를 들었습니다. 3개월 항해 중 어느 정도 방사성 폐기물이 쌓일까 하는 데이터를 토대로 한 것이었습니다.

그런 정보는 세상에 널리 알려야 한다고 생각한 저희들은 나가타 선생의 강의를 듣고 공부한 노트를 들고 그 지역 어머니들 모임에 나가 강의를 했습니다. 강의의 주된 내용은 원자력 잠수함이 어떤 것인지 어머니들에게 알기 쉽게 설명하는 것이었습니다. 나가타 선생의 생각을 제 것인 양 말했지만 어머니들은 모두 열심히 우리들의 이야기에 귀 기울여주었습니다.

여담입니다만 실은 이 강의는 일종의 아르바이트였습니다. 당시 한 차례 강의료는 3,000엔이었습니다. 모임 경비와 홍보비가 있기 때문입니다. 그 액수를 그대로 다 받은 것은 아니지만 매주 세 차례 과외 시세가 월 3,000엔 정도였던 시절 이야기입니다. 가난한 연구생에게는 상당히 매력적인 아르바이트 금액이었습니다. 그렇게 몇 번이고 강사 활동을 하는 동안에 점점 더 적극적으로 원자력 관련 운동에 참여하게 되었습니다.

나가타 선생과 다시 만난 것을 계기로 원자력 문제에 더 밀접하게 관여하기 시작했습니다. 제가 교토대학의 조수로 부임했을 때 간사이關西전력의 원전 건설 계획이 문제가 되었습니다. 건설에 반대하는 사람들은 나가타 선생에게 "교토대학의 선생님에게 꼭 원전의 위험성에 대한 강의를 듣고 싶다"라고 요청했습니다. 그러자 나가타 선생은 막 부임한 저를 불러서 교토부와 효고현兵庫縣 경계에 구미하마초久美浜町라는 원전 건설 예정지가 있는데 거기서 건설 반대 강의 의뢰가 왔으니 "네가 가라"라고 하는 겁니다. "알지도 못하는 곳에 강의를 하러 가는 건 싫습니다"라고 말하자 "네가 가지 않으면 바쁜 내가 가야 한다"라고 윽박지르는 겁니다.

그래서 하는 수 없이 현지로 갔더니 원전 건설에 '찬성이냐 반대냐'로 구미하마초는 두 편으로 갈려 말도 못할 소동이 벌어져 있었습니다. 방송국에서, 신문사에서 취재를 나와 있었고 주민들의 소동에 신경을 곤두세우고 있는 경찰의 모습도 보였습니다.

그런 이상한 분위기 속에서 반대파를 대표해 제가 강의를 해야 했습니다. 어머니들을 상대로 이야기했을 때와는 완전히 상황이 달랐습니다. 이건 큰일이라고 다소 위축되긴 했지만 받아들인 일이니 물러설 수는 없었습니다.

이미 저는 사카타 교실에서 해온 토론에 익숙해져 있었습니다. 그 덕분에 열기에 둘러싸인 가운데서도 열변을 토하며 원전 건설의 위험을 반대파를 대표해 강연했습니다.

아직 풋내기였지만 저도 과학자입니다. 감정을 앞세우지 않고 원전이 안고 있는 문제를 객관적으로 알기 쉽게 이야기하려고 했습니다.

평소 저는 강연 한두 번으로 곤죽이 되는 사람은 아닙니다. 하지만 그날만은 몹시 시달려서 힘 빠진 꼴로 집에 돌아왔던 것 같습니다. 그런 저를 보고 아내는 "조그맣긴 했지만 TV에 나왔던데요"라고 말했습니다. "'조그맣다'라는 건 쓸데없는 말"이라고 제가 받아쳐서 한바탕 웃었던 기억이 납니다.

건설 반대 운동과 생긴 인연으로 그 뒤에도 세 차례 구미하마초에 갔습니다. 거기서 안자이 이쿠로安齋育郎 씨를 알게 되었습니다. 저와 같은 나이의 안자이 씨는 도쿄대학 원자력공학과 1기생으로 방사선방호학 전문가였습니다. 지금은 리쓰메이칸立命館대학 명예교수입니다. 당시 안자이 씨는 도쿄대학 의학부 조수로 원전 비판 운동을 열심히 하고 있었습니다. 사회운동을 하는 바람에 윗사람들 눈 밖에 나서 오랫동안 조수에서 교수로 승진하지 못했던 사람입니다. 안자이 씨는 평소 취미로 배운 마술로 사람들의 눈길을 사로잡은 뒤, 원전 정책에 대해 하고 싶은 말을 했습니다. 강연을 잘하는 인기 있는 활동가였습니다. 안자이 씨는 동일본 대지진 직후부터 매달 교토에서 후쿠시마福島를 오가고 있습니다. 젊은 시절부터 지금까지, 원전 비판에 대한 신념이 조금도 흔들리지 않는 기개 있는 활동가입니다.

안자이 씨와 저, 지질학자들이 모여 구미하마 원전 건설 후보지에서 그곳이 원전의 입지 조건에 맞는지 대대적으로 조사하기도 했습니다. 안전 측면을 소홀히 하는 전력회사 쪽에서 수행한 제멋대로인 조사는 전혀 믿을 수 없었기 때문입니다.

3·11 원전 사고는 모든 문제의 축소판

3·11 원전 사고는 안전을 소홀히 해온 상업주의, 돈과 이권을 서로 주고받는 정政·관官·산産의 유착 구조가 만들어낸 인재人災입니다. 쓰나미로 1호기가 움직이지 않게 된 것까지는 어용학자들이 늘 말하는 대로 '예상 밖'의 일이라

할 수 있겠습니다. 그렇다고 해도 그 뒤에 일어난 일은 인재라고밖에 말할 수 없습니다. 게다가 쓰나미도 지진이 빈번하게 일어나는 일본에 원전을 건설할 때부터 생각하지 않으면 안 되는 위험 요소였습니다.

원전을 도입한 출발점에서부터 잘못된 것입니다. 원전을 건설하는 쪽인 윗사람도 전력회사도 지나치게 "안전하다, 안전하다"라고 반복해서 말했습니다. 하지만 무엇을 근거로 안전하다고 하는지 사람들이 납득할 수 있을 만한 설명도, 그것을 조사하는 제3자 기관도 없다는 것은 말도 안 되는 것입니다.

사카타 선생이 50년 전에 예리하게 지적한 것처럼 "건설하는 쪽과 심사하는 쪽의 구분이 분명하지 않다"라는 것은 고사하고 그 양쪽이 결탁한 짬짜미 심사로 건설 오케이 사인을 내버리는 일 등이 부지기수였던 것 같습니다. 그런 식의 엉터리 진행이 결국 돌이킬 수 없는 부채가 되어 원전 사고를 불러일으킨 것입니다.

저는 예전부터 원자력 발전 기술이 현대 과학에서도 아직 숙달된 기술이 아니라고 말했습니다. 원자력 기술은 사용하면서 계속 위험한 것이라고 말하지 않으면 안 되는 것이었습니다. 리스크가 있다는 것을 알리고 안전 관련 비용도 충분히 들여야 합니다. 그러나 전력회사는 만들 때만 돈을 쓰고 이후 안전을 유지하는 데 돈을 들이려고 하지 않습니다. 사고는 일어날 만하니까 일어났다고 저는 생각합니다.

전력회사만이 아니라 영리주의로 치닫는 기업들 모두 별반 다르지 않습니다. 그래도 사람들의 생명과 관련된 원전 산업이 그래서는 안 되는 것이겠지요. 교부금 등을 퍼붓는 데 비용을 들일 게 아니라 "이 위험한 기술을 사용하기 위해서는 이만큼 안전성을 높이는 장치가 필요하다. 그를 위해서는 이 정도의 예산이 들기 때문에 전기요금을 높이면 좋겠다"라고 전기 이용자들을 설득해야 하는 것입니다. 위험한지, 안전을 위한 대책은 무엇인지를 분명하게 제시해야 합니다. 그것이 사회적 책임입니다.

지금까지 원전 산업은 상업적으로 채산을 맞추기 위해서 안전에 대한 판단 같은 것은 문턱을 낮춰왔습니다만 3·11을 경험한 지금은 더 이상 그럴 상황이 아닙니다. 그것을 사회가 인식하지 않으면 안 됩니다.

필요한 원자력 연구의 지속

지금까지 말한 대로 저는 원전 반대 운동에 참가한다든지 강연 활동을 계속해왔습니다. 이 때문에 열렬한 원전 반대파로 보일지도 모르겠습니다. 그러나 저는 원전 반대파 중에서도 조금 다른 시각을 갖고 있습니다. 그런 위험한 기술을 써서는 안 되는 것이니 지금 바로 중지하라고 말하면 멋있어 보입니다. 하지만 원전 문제는 그렇게 단순하지는 않습니다.

후쿠시마 사고를 예로 들기도 전에 원전은 안전하게 사용할 수 있는 대체 자원이 아니라는 것은 알 수 있습니다. 지금 같은 기세로 전기를 사용한다면 석유, 석탄 같은 화석연료 지하자원은 앞으로 300년 안에 없어져버립니다. 대체에너지로 풍력이나 태양광이 있지만 지금 단계에서는 전기를 저장할 수 없기 때문에 안정적인 공급이 매우 어렵습니다. 풍력 발전의 경우 태풍 등으로 설비가 부서지기 쉬워 역시 안정적인 공급이 가능하다고 할 수 없습니다.

지금까지 해온 이야기와 모순인 듯 보일 테지만, 저는

이미 있는 원전의 안전을 담보하는 연구에 충분한 투자가 필요하다고 생각합니다. 원전을 폐쇄하는 데에도 첨단의 기술이 필요합니다. 이것은 국가 프로젝트로 하지 않으면 안 될 규모의 연구입니다.

한편, 원전에 반대하는 사람이라도 로켓 발사는 덮어놓고 기뻐하지 않나요. 우주 개발을 위해 로켓을 쏘아 올려 태양계의 행성 근처까지 날려 보내 여러 데이터를 가지고 오는 행성탐사선에는 사실 방사성물질이 사용됩니다. 과학자의 눈으로 볼 때 구조적으로는 매우 안정적이기 때문에 좋아 보이지만 일반 사람들은 그런 것을 알지 못합니다. 무엇보다도 쏘아 올리는 쪽에서도 그런 것을 그다지 드러내 말하지 않기 때문에 반대 운동도 일어나지 않았습니다.

그러나 구조를 아는 사람이 본다면 로켓 발사는 상당한 위험을 안고 있습니다. 만약 그 발사가 실패해서 상공에서 폭발한다면 어떻게 될까 하는 생각도 해볼 수 있습니다. 진지하게 우주 개발을 진행하려면 그런 문제도 해결해야 합니다. 그를 위해서도 원자력 연구는 계속 필요합니다.

당면한 문제는 지금 있는 50여 기의 원전을 어떻게 하느냐 하는 것입니다. 사용하든 멈추든 우선 안전 확보 연구가 필수입니다. 사용 후 핵연료를 어떻게 처리할까 하는 것도 큰 문제로 남아 있습니다. 재처리 공장이 있는 아오모리현青森縣 롯카쇼무라六ヶ所村에는 사용 후 핵연료에서 끄집어낸 플루토늄이 대량으로 있습니다. 이것만 있으면 수백 발의 핵무기를 만들 수 있습니다. 확실하게 말할 순 없지만 지금 일본의 기술로는 이 플루토늄으로 핵무기를 1년이면 제조 가능하다고도 합니다.

원전을 가동하면 사용 후 핵연료는 계속 늘어나 처리할 곳이 반드시 필요합니다. 전력회사도, 정부도 최종처리장 찾기에 필사적입니다. 하지만 주민의 반대 운동으로 후보지를 좀처럼 찾을 수 없습니다. 일본에 원자력 폐기물 최종처리장을 만드는 것은 대단히 중요한 일입니다. 게다가 핀란드처럼 지반이 딱딱한 땅을 가진 나라와 달리 일본의 지반은 부드러워서 지하 깊이 묻는 처리 방식은 그다지 안전하다고 말할 수 없습니다.

그 밖에도 태평양 지각이 가라앉는 틈새에 방사성 폐기

물을 흘려 넣자는 방안도 나와 있습니다. 그러나 만약 지진이 일어나면 어떻게 될까요. 지각이 미끄러져 들어오는 곳에는 마그마 덩어리가 생기기 쉬워서 흘려 넣은 방사성물질이 화산의 분화로 터져 나올지도 모릅니다. 말 그대로 '죽음의 재'입니다.

유럽 대륙에는 암염층 등이 있어서 핵폐기물을 비교적 처분하기 쉬운 환경도 있습니다. 하지만 일본의 경우 좀처럼 효과적인 방법을 찾을 수 없습니다. 다른 나라에 "돈을 낼 테니 일본의 것을 좀 처분해주지 않겠습니까" 하고 말한다고 해도 거부당할 게 뻔합니다. 그만큼 각국은 핵연료 폐기물 처리 문제로 머리를 싸매고 고민하고 있습니다.

그런 문제를 해결하기 위해서라도 원자력 연구는 필요합니다. 원전 사고를 수습하거나, 폐로廢爐 작업이나 폐기물 처리를 진행하는 데 이류나 삼류 연구자만으로 충분한지 저는 묻고 싶습니다. 폐로 작업을 적당히 하면 그야말로 상상하기조차 두려운 일이 일어납니다. 이류 연구자에게 일본의 미래를 맡길 수 없습니다. 분명히 말할 수 있는 점은 돈을 들이면 들일수록 안전성이 높아진다는 점입니다. 원전은 인간의 손에 맡길 수 없다며 최종적으로 포기하더라도 우선은 원자력 연구에 자금과 우수한 인재를 투입하면 좋겠습니다.

오히려 더 높아진 핵 위협

이쯤에서 핵전쟁에 대해서 이야기하고 싶습니다. 동서 냉전이 끝나고 핵 위기가 줄었다는 분위기가 있는 것 같지만 저는 장애물의 높이가 낮아져 오히려 핵 위협이 계속 높아지고 있다고 봅니다.

미국을 중심으로 한 핵 대국은 과거에 충분히 두려운 경험을 했기 때문에 핵을 다루는 일에 신중합니다. 1962년 쿠바 위기 때는 쿠바를 무대로 미국과 소련이 핵전쟁 직전까지 가서 멈춘 일이 있었습니다. 핵전쟁이 발발하느냐 하는 긴장 상태가 14일이나 계속되었기 때문에 미국 대통령도 얼어붙을 정도로 머리가 쭈뼛 서는 경험을 했습니다. 만일 거기서 핵이 사용되었더라면 수천만 또는 억 단위의 희생자가 나왔을지도 모릅니다. 그때의 경험 이후 미국은 더 이상 그 같은 위기 상황을 만들지 않겠다고 생각해 핵이 통제되고 있는 것입니다.

그런 의미에서 핵 보유 자체가 안전을 보장하는 시대는 지나간 것 같습니다. 냉전 시대처럼 핵 공포의 균형을 전쟁의 억제력으로 사용한다는 생각 자체가 틀린 것이었습니다. 강대국들은 냉전 시대를 거쳐 이를 학습했습니다.

지금 가장 우려되는 것은 개발도상국이 핵을 가질 수 있게 되었다는 것입니다. 이것은 기존에 핵을 보유한 여러 나라에도 책임이 있습니다. 개발도상국들에 원전을 수출해 핵 개발 기술을 간접적으로 흘려 보냈다고 말할 수 있습니다. 일본도 정상까지 나서서 그런 개발도상국에 원전 장사를 해왔습니다.

또 미국을 비롯해 핵무기를 보유한 나라가 핵무기를 갖지 않는 나라에게 핵무기 개발 금지를 강요합니다. 하지만 듣는 쪽에서 '자기들은 갖고 있으면서'라고 대꾸합니다. 전혀 설득력이 없습니다. 사실 미국도 지하 핵 실험장을 가지고 있고, 여전히 핵 개발을 하고 있습니다. 핵 사용에는 신중론을 펴지만 자국에서 개발 중인 핵미사일을 파괴한다든지, 연구를 중지한다든지 할 마음은 거의 없는 것이 현실입니다.

뭐 그래도 '핵 비확산'을 표방하며 핵무기 개발을 통제하려는 강대국의 마음은 어느 정도 믿을 수 있겠지요. 문제는 개발도상국을 좌지우지하는 독재정권 같은 존재입니다. 그들의 안하무인인 태도에 질려 국제 여론이 그 정권을 고립시키기로 작정을 하면 자포자기로 "해치워버려!" 하는 일이 일어날 수도 있습니다. 정권의 위기를 느낀다면 독재자가 무엇을 할지 알 수 없는 것입니다. 최후의 저항으로 핵을 사용할 가능성이 매우 높습니다. 강대국의 핵전쟁 확률은 낮아졌지만 지금은 개발도상국의 핵 위협이 가장 무섭습니다.

어떻게 그 상황에 제동을 걸 수 있을까 하는 것은 어려운 문제입니다. 넓은 의미에서 국제 여론을 형성해갈 수밖에 없다고 생각합니다. 긴장 상태에 있는 당사자끼리가 아니라 제3국이 목소리를 내는 것입니다. 그 목소리를 각국이 취하여 무력을 사용하지 않고 화해를 가능하게 하는 여론을 만들어가게 하는 것입니다. 국제적인 노력을 계속한다면 마침내 그것이 핵전쟁의 억제력이 되지 않을까요.

Part 7

지구에서 전쟁을 없애기 위해서는

수백 년의 시간을 두고 생각한다

저는 앞으로 200년 뒤면 전쟁은 없어질 것이라고 여기저기에서 말합니다. 동료들도 "또 시작이다, 무슨 잠꼬대 같은 소리 하는 거냐" 하고 웃음거리로 삼는 일이 자주 있습니다. 그러지 않으면 "마스카와, 그때 쯤에는 네가 살아 있지 않을 테니 지금 무슨 말을 해도 괜찮다고 생각하는 거지?" 하고 야단치는 경우도 있습니다.

분명히 200년 뒤에 저는 살아 있지 않습니다. 하지만 저는 상당히 진심으로 이 지론을 믿고 있습니다. 많은 사람들은 눈앞에 닥친 일만을 이야기합니다만 100년, 200년의 시간으로 세계를 생각해보세요. 지금 보이는 세상이 아니라 그 한참 뒤를 생각해보는 겁니다. 그것은 보편적인 법칙이나 본질을 꿰뚫으려는 과학자에게도 반드시 필요한 시각입니다. 그러나 원래 과학자만이 아니라 누구에게라도 이런 장기적인 시야로 세상일을 생각하는 것이 중요합니다. 과학자를 포함해 정치인도, 국민도 눈앞의 일에만 휘둘려 대증요법밖에 내놓을 줄 모릅니다. 그래서는 좀처럼 인류 전체의 일을 생각할 수 없습니다.

인간의 수명보다도 한참 긴 시간으로 생각해보면 여러 가지가 눈에 보입니다. 그런 시간으로 보면 인류의 미래는 그렇게 비관할 것이 아닙니다. 우리 인류는 이전보다 확실히 진보했습니다. 예를 들어 100년 전을 생각해보세요. 20세기는 전쟁의 시대였습니다. 세계대전이 두 차례나 일어났습니다. 그러나 지금은 그처럼 전 세계가 전쟁에 몰려드는 전면 전쟁은 일어나기 힘듭니다. 국지적으로는 민족 분쟁이나 대테러 전쟁 같은 형태의 싸움은 계속되고 있습니다. 그것 자체는 문제입니다만 앞서 제가 말한 200년이 지나는 동안에는 속도는 느리겠지만 해결되는 방향으로 나아가지 않을까 생각합니다.

제2차 세계대전이 끝나고 독립운동이 각지에서 일어나

지금은 외형적으로 식민지인 나라는 없습니다. 푸에르토리코(미국령)나 버뮤다(영국령)같이 일부 식민지에 가까운 나라도 있긴 있습니다만 그 나라들도 올림픽에 독자적으로 참가하고 있습니다. 과거에는 생각하지도 못한 일입니다. 통치하는 나라가 인권을 무시하는 짓을 하면 국제여론이 가만히 두지 않습니다.

100년 전에는 강대국에 착취만 당했던 아프리카도 이젠 달라졌습니다. 주요 도시에는 빌딩이 늘어서 있고 사람들의 생활도 몰라보게 나아졌습니다. 개발도상국 개발에는 강대국의 이권이 얽혀 있게 마련이지만, 과거처럼 눈에 보이는 형태의 폭력적인 수탈은 줄었습니다. 물론 아직 너무 가난해서 식량난에 허덕이는 나라도 있습니다. 그런 나라에는 국제 인권단체가 손을 뻗어 그들의 '살아갈 권리'를 세계에 호소합니다.

노동의 측면에서 보더라도 100년 사이에 대전환이 있었습니다. 산업혁명 시대에 영국의 공장 노동자는 하루 14시간 정도를 당연하게 일해야 했습니다. 그러나 노동조합운동 등을 통해 서서히 노동환경 개선이나 노동시간 단축이 실현되었습니다. 그런 흐름은 시간이 가면서 세계적으로 확산되었습니다. 그리고 1917년 러시아혁명으로 탄생한 러시아사회주의연방소비에트공화국(소련의 전신)은 처음으로 국가의 법률로 '8시간 노동제'를 확립했습니다. 그러나 그런 한편 소련의 강제수용소에서는 여전히 가혹한 노동으로 사람들이 고통받기도 했습니다.

인종 차별의 면에서 보더라도 미국에서는 1950~1960년대에 걸쳐 흑인들의 격렬한 공민권 운동公民權運動, Civil Rights Movement•이 있었습니다. 아시는 대로 그때까지 흑인은 심각한 인종 차별을 받고 있었습니다. 그랬던 미국이 2008년에 처음 흑인 대통령을 선출했습니다. 버락 오바마Barack Obama 대통령입니다. 아직 일부에서 차별이 남았다고 해도 수십 년 전과는 비교할 수 없을 정도입니다.

이처럼 세계는 어느 국면에서 '후퇴'하기도 하지만, 그래도 역사는 조금씩 전진했습니다. 말하자면 100년 단위로 보면 인류는 발이 걸려 휘청거릴 때도 있지만 대체로 올바른 방향으로 나아가고 있습니다.

• 공민公民이 가지는 선거권·피선거권·기타의 공민권(참정권)의 획득을 위한 운동. 역사적으로 보면 시대와 국가에 따라서 많은 제약이 있어, 일반 국민 중에서도 일정한 요건을 구비한 자만이 공민권을 가질 수 있었다. 이러한 제약을 철폐하려는 운동이 공민권 운동이다.

테러·분쟁의 뿌리에 있는 것

"큰 나라들의 전쟁이 없어진 대신에 테러나 민족 분쟁이 각지에서 일어나고 있지 않은가" 하는 의견도 있겠지요. 앞서 말한 것처럼 분명히 그런 다툼은 지금도 있습니다.

그러나 그런 분쟁도 200년의 시간으로 본다면 사라질 것이라고 생각합니다. 이전에는 각지에서 분쟁이 발발하면 세계의 경찰을 자청하는 미군이 개입해 사태를 오히려 꼬이게 만들었습니다. 예를 들어 미국은 지금 '이슬람국가'를 공습하고 있습니다. 하지만 미국 의회의 결의로는 향후 지상전에 들어가도 이라크 전쟁 때와 같은 대규모 작전을 하지는 않겠다고 합니다. 지상전으로 돌입하면 희생자가 대량으로 나올 뿐 아니라 진흙탕 싸움이 될 것이 분명합니다. 이라크와 아프가니스탄 등 과거 일을 반성해 그런 사태는 분명히 피하자는 것이지요. 약간의 진전이긴 합니다만 이런 부분도 앞으로 나아간 것이라고 말할 수 있습니다.

그러면 '이슬람국가가 인터넷을 이용해 전 세계에서 병사를 모으고 교육해 미국과 유럽 여러 나라에 테러를 계획

하면 어떻게 할 것인가', '나이지리아의 테러 조직 보코하람 Boko Haram이 많은 인질을 살해한다든지 과격한 습격을 계속 하고 있는 건 어떻게 할 건가'라며 무책임한 말 하지 말라는 야단을 맞을 것 같기도 합니다. 그러나 개개의 대증요법으로 문제는 해결되지 않습니다.

그런 테러 활동을 어떻게 박멸할 것인지 생각하기 전에 왜 테러가 늘고 있는가를 따져보는 것이 중요합니다. 테러 단체들은 기본적으로 "우리는 피해를 보고 있다"라는 불만을 품고 있습니다. 역사를 되돌아보면 선진국은 오랫동안 개발도상국의 부와 자원을 자신들에 유리하게 착취해왔습니다. 그들의 처지에서 본다면 석유를 마음대로 가져간다든지, 삼림을 벌채해 간다든지, 선진국의 이권에 침탈을 당한 불만이 쌓여 있습니다. 미국과 유럽의 가치관에 대항해 그들의 독자적인 정체성을 세계에 내보이려고 하고 있는 것입니다.

그런 집단에 무력으로 대항해봤자 불만분자는 앞으로도 계속 나올 것입니다. 그런 소모전을 이제는 그만두어야 합니다. 힘으로 팔을 비틀어 눕히는 시대는 끝났습니다.

불만을 묻어버리는 장치를 만들다

그런 문제를 해결하기 위해서는 조금씩 불만을 묻는 장치를 만들어가는 수밖에 없습니다. 빈부나 계층의 격차는 좀체 없어지지 않겠지요. 하지만 가난한 나라에도 아이들이 살아갈 권리, 교육의 권리를 확보하는 장치를 세계 여러 사람들이 협력해서 만들어가야 합니다. 그런 흐름이 조금씩 만들어지고 있습니다.

정치 상황이 불안하거나 민주적인 선거 제도가 뿌리내리지 않은 나라는 아직도 있습니다. 그래도 법에 의한 통치를 전제로 하지 않는 나라는 조금씩 줄어들고 있습니다. 규칙을 무시한 체제로는 자국의 국민을 통치할 수 없습니다. 사회 상황이 그런 체제를 허용하지 않고 있습니다. 그런 세계적인 사회 기반을 만들어간다면 테러나 분쟁도 없어지지 않을까요. 순진한 생각이라고 할지 몰라도 저는 반드시 그런 시대가 올 거라고 믿습니다.

정치는 반드시 치명적인 잘못을 범한다

저의 예측으로는 200년 뒤에는 전쟁을 없앨 수 있다고 생각합니다. 하지만 아직은 분명 과도기에 있습니다. 지금까지 일본은 전쟁이 없는 세상을 만들기 위해 헌법 9조를 지켜왔습니다. 헌법 9조를 개정하려고 하는 것은 시대에 역행하는 것이라고밖에 생각할 수 없습니다.

개헌을 염두에 둔 안보법제 개정에서 가장 두려운 것은 원하지 않은 전쟁에 끌려들어가는 것입니다. '선전포고형'도 '민족분쟁형'도 아니고 "군사적으로도 멈추지 않고 미국을 계속 돕겠습니다"라고 선언하는 것만도 아닌, 일본과는 전혀 관계가 없는 곳에서 발발한 전쟁에 말려드는 경우입니다. 지금까지는 먼 세상의 일이었던 전쟁이 그때는 현실이 됩니다. 그런 전쟁을 일본 국민은 허용하고 말 건가요.

그러나 제5장에서 말했던 것처럼 정치가 어느 시점에서 일탈했을 때 반드시 강한 반대 목소리가 나올 것입니다. 젊은이가 정치에서 멀어지고 일반 사람들이 무관심해지는 등 사회운동의 주체가 사라지고 있지만, 언제까지나 평화 문제에 무감각한 채로 있으면 비극을 겪을 수도 있다는 현실을 사람들이 깨닫는 날이 곧 올 거라고 봅니다.

왜냐하면 아베 정권이 이대로 순조롭게 정책을 추진해 갈 수 있다고는 도저히 생각할 수 없기 때문입니다. 반드시 "그건 너무한 거지" 하는 사람들이 나올 겁니다. 말하자면 일을 너무 서둘러서 치명적인 잘못을 범하는 겁니다. 예를 들어 안보 법안을 통과시키기 위해 강경책을 쓰는 것이 기폭제가 되어 연기만 내고 있던 아베 정권에 대한 불신감이 폭발하는 겁니다. 해외 여론도 가세해 여기저기서 반대 목소리가 분출해 거대한 운동으로 발전할 거라고 믿습니다. 그것이 사회의 필연적인 흐름이라고 생각합니다. 실제로 안보 법안에 반대하는 항의 행동을 계속하는 대학생 그룹 '실즈SEALDs, Students Emergency Action for Liberal Democracy'(자유와 민주주의를 위한 학생긴급행동) 같은 것이 나오고 있습니다. 제5장에서 젊은이들이 거의 나서지 않는다고 말하긴 했지만, 아베 총리의 정책을 '너무 심하다'라고 느끼는 사람들은 점점 늘고 있습니다. 그들의 활동은 세대를 넘어 공감을 얻고 있습니다.

미국에서는 2011년에 1퍼센트의 부유층이 99퍼센트 사람들의 부를 독점하고 있음에 반발한 젊은이들의 항의 시위도 일었습니다. 이것은 풀뿌리 시위입니다. 과거 학생운동처럼 통일적인 조직 활동이 아니기 때문에 특정 지도자도 없습니다. 인터넷 커뮤니티나 동영상 사이트에서 모인 참가자가 월스트리트 일대를 점거해 양극화 해소를 요구한 저항 운동은 미국 각지로 번졌고 다른 나라로도 전파되었습니다.

사람들은 무언가 "너무 나갔다", "너무 했다"라며 민주주의가 이상해졌다고 말하기도 합니다. 월스트리트에서 시작된 시위는 '선택과 집중'이라는 경제 정책을 지나치게 강제한 결과 생긴 부의 독점에 저항한 운동입니다. 제3장에서 과학계에서도 '선택과 집중' 정책에 휘둘려 자유로운 연구를 할 수 없는 실태를 말했습니다. 그 체제가 과학자를 군학협동에 몰아넣는 교묘한 미끼가 된 것입니다.

아베 정권이 조건을 달고는 있지만 안보법제의 근간을 결정적으로 바꾸어 '교전권'을 손에 넣으려는 것이 분명합니다. 그를 위해 군비도 착착 늘리고 있습니다. 그런 국가 정책을 도와주는 과학자도 많습니다. 그런 흐름에 저항하기 위해서 우리들 한 사람 한 사람이 위기감을 갖고 단합해 일어설 필요가 있습니다.

전쟁을 없애기 위해 지금 해야 하는 것

개인적인 이야기입니다만, 강연을 할 때 뇌출혈로 쓰러져 구급차에 실려간 적이 있습니다. 1997년의 일입니다. 그대로 2주간 의식이 없었기 때문에 상당히 위험한 상태였던 것 같습니다. 다행히 살아났습니다만 그 여파로 좌반신 떨림이 남아, 걷는 것이 다소 편하지는 않습니다.

저는 젊은 시절부터 걸으면서 생각하는 것을 좋아해 생각을 하다가 집에 도착하면 현관 앞을 빙빙 돌며 계속 생각을 이어갔던 경우도 자주 있었습니다. 지금은 유감스럽게도 발 앞의 돌멩이나 계단에 신경을 쓰게 되어 걸으면서 좀처럼 생각에 집중할 수가 없습니다.

인생의 큰 고비를 넘겼지만 저의 지론은 아프기 전과 전혀 변함이 없습니다. 제가 이야기한 평화가 어느 정도 의미가 있는지 모르겠습니다만, 이 나라의 미래를 생각하면 지금이 중요한 시기입니다. 지금까지 말한 것처럼 과학의 중립성이 위태로워져 연구 내용도 시장 원리에 좌우되고 군사적인 이용도 활발해졌습니다. 게다가 아베 정권의 움직임을 보면 위기감은 더하기만 합니다.

스승인 사카타 선생의 가르침을 이어받은 저의 이 소박한 주장들이 반드시 다음 세대로 이어질 것이라고 믿습니다. 과학이 그 지혜를 수천 년에 걸쳐 쌓아온 것처럼 그것을 이어받는 사람들이 있는 한 평화를 향한 기억도 멈추지 않을 것입니다. 지금 말하지 않으면 후회할 거야 하는 마음이 커지기만 합니다. 아무리 거센 비판을 받더라도 저는 앞으로도 이 지구상에서 전쟁을 없애기 위한 메시지를 계속 전하겠습니다.

과학자가 아니라 인간으로서의 시선을

이 책에서는 노벨 물리학상을 받을 때의 이야기, 과학자가 전쟁에 동원된 이야기, 현대의 군학 협동, 듀얼 유스 문제 등 큰 흐름을 따졌습니다. 하지만 결국에는 사카타 쇼이치 선생의 "과학자이기 전에 인간이 돼라"라는 말로 되돌아가는 것 같습니다. 제 연구실에 걸어놓은 이 글을 볼 때마다 사카타 선생은 미래를 내다보는 눈이 있었다고 새삼 생각합니다. 그 통찰력에는 저 같은 사람이 맨발로 아무리 뛰어도 따라가지 못합니다.

20세기만 되돌아보아도 과학자들이 계속 이용당해왔다는 것을 알 수 있습니다. 전쟁에 가담하도록 강요받았고, 원자폭탄·수소폭탄 개발에도 도움을 주었습니다. 지금도 알지 못하는 사이에 군사적으로 도움을 주고 있는 측면을 부정할 수 없습니다.

그러나 저는 '과학자의 전쟁 책임'이라는 말을 아주 싫어합니다. 그런 말에는 과학자를 이용한 사람들이 왠지 위에서 보는 것 같은 또는 자신은 관계없다는 뉘앙스가 느껴지기 때문입니다. '과학자는 그런 책임을 질 의무나 능력이 있다'라며 책임을 전가하는 것처럼 느껴집니다.

그렇지 않습니다. 과학자도 일반인과 마찬가지로 생활인입니다. 전혀 다르지 않습니다. 그러나 딱하게도 그들에게는 그 생활인으로서의 시각이 전혀 없습니다. 과학자라는 인종은 몇 번이고 말했지만 폐쇄적인 공간에서 자신의 연구를 하는 때가 가장 즐거운 생물입니다. 뭐 말하자면 '생활 감각 제로'라고 할까요. 세상의 흐름을 별로 알지 못합니다. 신문에서 도쿄대학의 군사 연구가 톱기사로 다뤄지더라도 그것을 자신들의 문제로 논의를 한다든지 목소리를 낸다든지 하는 일은 없습니다. 자신의 연구가 제일 중요하고 사회 문제에는 지극히 무관심한 사람들이 많습니다.

저는 젊은 시절부터 조합 활동이나 사회 활동을 열심히 한 사람이어서 그런 그들을 볼 때마다 엉덩이를 때려주고 싶은 마음입니다. 과학자는 시민과 만날 기회를 더 넓혀가야 합니다. 그런 기회를 의식적으로 만들어가지 않으면 안 됩니다.

저의 과제는 지금 사회를 어떻게 지켜갈 것인가 하는 겁니다. 아이들이나 손자가 안심하고 살 수 있는 사회를 어떻게 남겨줄 것인가 하는 것입니다. 그런 문제를 서로 논의하는 장소에 과학자가 있다면 과학적 지식을 활용해서 일반인과는 다른 공헌을 할 수 있을 것입니다. 과학자를 포함해 생활인이 각자의 처지에서 지혜를 짜내 모은다는 것은 그런 것이겠지요. 그런 경험을 넓혀간다면 과학자도 과학에만 미친 사람이 되지 않을 것이고 생활인으로서의 시각도 키울 수 있습니다.

그런 의미에서 과학자에게 책임을 지우는 것이 아니라 그들을 생활인으로서 키우려는 노력이 중요합니다. "과학자이기 전에 인간이 돼라"라는 정신은 그런 사람들과 소통하는 가운데 만들어가는 것이 아닐까요.

세상에서 살아가려면 우리들은 사회와 교류하지 않으면 안 됩니다. 사회 속에서 살아가는 존재로서 지금 일본이나 세계에서 무슨 일이 일어나고 있는지, 또는 비밀리에 무엇이 진행되고 있는지 거기에 귀 기울이지 않으면 안 됩니다. 특히 일본이 평화를 향해 나아가고 있는지, 반대 방향으로 가고 있는지 과학자들도 동참해 주시했으면 좋겠습니다.

"과학자에게는 현상의 배후에 감춰진 본질을 꿰뚫어 보는 지혜가 있어야 한다"라는 사카타 선생의 말은 지금도 매우 중요합니다. 이성을 솜씨 좋게 쓸 수 있다면 인류는 앞으로 100년이고 200년이고 전쟁을 하지 않을 수 있을 겁니다. 평화운동의 선두에 설 생각은 없다고 말하면서 제가 수십 년 동안 여러 운동에 참여해온 것은 그런 미래를 믿고 싶기 때문입니다.

마스카와 도시히데

옮긴이 글

원전은 안전이 담보돼야 한다

일찌감치 노벨상을 받은 일본인 하면 얼른 떠오르는 사람은 『설국』으로 문학상을 받은 가와바타 야스나리川端康成이다. 하지만 그는 일본인 최초의 노벨상 수상자가 아니다. 1968년 가와바타가 노벨상을 받기 약 20년 전 첫 수상자는 유카와 히데키湯川秀樹라는 물리학자였다. 지난해까지 물리학, 화학, 의학·생리학 등 과학부문 노벨상을 받은 일본인이 모두 22명이다. 일본 과학의 저력을 함부로 볼 수 없다.

일본의 화려한 노벨상 수상 역사 가운데서도 2008년은 특별한 해였다. 한 해에 4명이라는 최다 수상 기록이 나왔기 때문이다. 물리학상을 일본인 3명이 공동 수상한 것도 처음이었다. 화학상에서도 공동 수상자에 일본인 이름이 올랐다. 발표 나던 날 밤부터 며칠간 일본 열도가 기뻐서 어쩔 줄 모르는 것을 외국인인 나도 선연히 느낄 정도였다.

그런데 그 물리학상 수상자 중에서 참으로 독특한 캐릭터의 인물이 눈에 띄었다. 백발이지만 자그마한 키에다 웃을 때 익살맞은 표정이 귀여운 악동을 연상케 하는 마스카와 도시히데益川敏英 교수였다. 인상만이 아니었다. 말하고 생각하는 것이 보통 사람은 물론이고 같이 노벨상을 수상한 과학자들과도 달랐다.

예를 들면 이런 식이다. 공동 논문으로 같이 노벨상을 받은 고바야시 마코토小林誠 교수는 수상자 발표 직후 기자회견에서 "전혀 예상하지 못했다. 너무 영광스럽다"라며 감사의 인사말을 이어갔다. 그런데 다른 자리에서 기자회견을 한 마스카와 교수는 이렇게 말했다. "노벨상에는 어느 정도 규칙이 있어서 지난해까지는 절대 받지 못할 거라고 생각했지만 올해는 어느 정도 예상했다. 그다지 기쁘지도 않다. 세상이 야단법석 떠는 것일 따름이다." 일본만이 아니라 세계를 통틀어도 이전은 물론이고 앞으로도 보기 드문 노벨상 수상 소감이지 않을까.

과학자, 특히 이론물리학자라면 흔히 세상과 담을 쌓고 연구에만 몰두한다는 인상이 짙게 마련이다. 그 점에서도 마스카와는 다른 과학자들과 많이 달랐다. 전쟁 체험 세대로서 일본 평화헌법 지키기 운동에 누구보다 앞장섰다. 노동조합의 중요성을 절실히 느껴 젊은 시절 대학 노조의 서기장을 맡아 동분서주했다. 노벨상 수상 논문을 쓴 것도 그즈음이었다. 핵무기같이 인명을 대량 살상할 무기 개발에 과학자가 참여하는 것을 강하게 비판해왔다. 그 연장선상에서 안전이 담보되지 않는 원자력발전소 건설도 극력 반대했다. 이 책에서 마스카와는 역사와 자신의 경험을 반추하며 그런 과학자의 사회적 책임을 강조하고 있다.

문재인 새 정부 출범 이후 원전 정책을 두고 논란이 적지 않다. 전문가 의견도 사분오열이니, 여론은 말할 것도 없다. 마스카와라면 어떤 대답을 내놓을까. 젊은 시절 원전 건설 반대 운동에 몸담았던 그는 이 책에서 이렇게 말한다. "3·11 원전 사고는 안전을 소홀히 해온 상업주의, 돈과 이권을 서로 주고받는 정·관·산의 유착 구조가 만들어낸 인재입니다. 쓰나미로 1호기가 움직이지 않게 된 것까지는 어용학자들이 늘 말하는 대로 '예상 밖'의 일이라고 할 수 있겠습니다. 그렇다고 해도 그 뒤 일어난 일은 인재라고밖에 말할 수 없습니다. … 원전을 도입한 출발점에서부터 잘못된 것입니다. 원전을 건설하는 쪽인 윗사람도 전력회사도 지나치게 "안전하다, 안전하다"라고 반복해서 말했습니다. 하지만 무엇을 근거로 안전하다고 하는지 사람들이 납득할 수 있을 만한 설명도, 그것을 조사하는 제3자 기관도 없다는 것은 말도 안 되는 것입니다."

그렇다고 마스카와가 원전을 모두 없애자고 주장하는 것은 아니다. 책에서는 이런 말도 한다. "저는 원전 반대 운동에 참가한다든지 강연 활동을 계속해왔습니다. 이 때문에 열렬한 원전 반대파로 보일지도 모르겠습니다. 그러나 저는 원전 반대파 중에서도 조금 다른 시각을 갖고 있습니다. 그런 위험한 기술을 써서는 안 되는 것이니 지금 바로 중지하라고 말하면 멋있어 보입니다. 하지만 원전 문제는 그렇게 단순하지는 않습니다. … 지금 같은 기세로 전기를 사용한다면 석유, 석탄 같은 화석연료 지하자원은 앞으로 300년 안에 없어져버립니다. 대체 에너지로 풍력이나 태양

광이 있지만 지금 단계에서는 전기를 저장할 수 없기 때문에 안정적인 공급이 매우 어렵습니다."

수년 전 마스카와는 한 강연에서는 원전 자체의 유지 가능성도 검토해볼 필요가 있다는 의견을 내비쳤다. "자동차는 위험하지만 매우 편리하기 때문에 디메리트demerit를 각오하고 탑니다. 안전성과 이익·불이익의 거래인 거지요. 원전도 어느 정도 이점이 있는지를 생각해 사용할 것인지 아닌지를 정해야 합니다. 원전을 당분간 동결하는 것은 좋습니다. 그러나 화석연료가 바닥날 것을 생각한다면 에너지 문제를 그렇게 단순하게 볼 수는 없습니다. 원전을 안전하게 사용하기 위한 연구 활동을 계속해야 합니다." 설사 원전을 모두 없애자고 하더라도 그것을 폐쇄하는 데는 고도의 기술이 필요하니 그런 것을 "국가 프로젝트"로 계속 연구해야 한다는 것이 그의 지론이다. 일본의 석학이자 사회참여파 과학자 마스카와의 지적에 귀 기울일 대목이 적지 않다.

2017년 8월

김범수

과학자는 전쟁에서 무엇을 했나

초판 1쇄 펴낸날 2017년 8월 15일
초판 2쇄 펴낸날 2017년 9월 13일
지은이 마스카와 도시히데
옮긴이 김범수
펴낸이 한성봉
책임편집 이지경
편집 안상준 · 하명성 · 조유나 · 이동현 · 박민지
디자인 전혜진
본문 디자인 김경주
마케팅 박신용 · 강은혜
기획홍보 박연준
경영지원 국지연
펴낸곳 도서출판 동아시아
등록 1998년 3월 5일 제1998-000243호
주소 서울시 중구 소파로 131[남산동3가 34-5]
페이스북 www.facebook.com/dongasiabooks
전자우편 dongasiabook@naver.com
블로그 blog.naver.com/dongasia1998
트위터 www.twitter.com/dongasiabooks
전화 02) 757-9724, 5
팩스 02) 757-9726

ISBN 978-89-6262-193-8 93400

이 도서의 국립중앙도서관 출판예정도서목록(CIP)은
서지정보유통지원시스템 홈페이지(http://seoji.nl.go.kr)와
국가지료공동목록시스템(http://nl.go.kr/koilsnet)에서
이용하실 수 있습니다.(CIP제어번호: CIP2017018559)